ビジュアルで身につく
大人の教養

草木と歩んだ94年

牧野富太郎
植物語り

清水洋美◎編著

世界文化社

はじめに

昭和九年ごろ、「自然科学列車」なるものが、二百人の客を乗せて上野から戸隠まで走りました。そのツアー募集のキャッチコピーは、「飛ぶ雲　飛ぶ汽車　飛ぶ心」。自然を熟知したガイドとともに初秋の戸隠高原を散策、自然に親しみ知見を得るという、現在のエコツアーの戦前版とも言えそうなものです。

そしてそのガイド、講師二名が「植物班・牧野富太郎」「野鳥班・中西悟堂」という驚くべき豪華な組合わせ。夢のようなツアーです。当時富太郎は七十二歳、中西悟堂は三十代です。もっと若い植物学者もたくさんいたはずですが、ツアー主催者としては、「大牧野の人気なくしてツアーなりたたず」という算盤弾《はじ》きがあったと思われます。確かに富太郎は、国民の人気者でありました。

メディアにたびたび登場し、全国各地の採集会に飛び回り、小学校や大学、ときには病院に呼ばれて牧野節を披露。放蕩な金遣いで莫大な借金をするなどの悪癖も有名だったはずですが、それでもやはり人気者でありました。

「真の学者とは、たとえ知識をもっていたとしても決して大きな顔をしない」。これが、富太郎のプライドの持ち方でした。自分の得た知

見や研究の方法をだれにでも惜しみなく手渡し、植物学の裾野を引っ張って広げて地面まで下ろし、老若男女がその上で楽しめるようにしました。

「天性好きな学問の研究にはげむのが生涯の目的であり、また、唯一の楽しみというのでなければならない」。これもまた富太郎の矜持でした。どれほど貧乏でも、着倒した上着が羊羹色になっても、陽気さを捨てませんでした。常に陽気なオーラを漂わせ、富太郎がいると、採集会はエンターテインメントになりました。

最晩年、富太郎の病状は大きなニュースとなり、自宅前には報道各社の宿泊用テントが並びました。重体が伝えられると全国から手紙が届きました。中には小学生の手紙もありました。こんな学者がいるでしょうか。

この本を書き始めるときに、できるだけ俯瞰し、適切な距離を保って富太郎の人生と植物を書こうと思いましたが、気づけば牧野富太郎という人物の磁力に引きつけられ、結局かなり富太郎びいきにならざるを得なかったことを、ここに告白いたします。

一五〇〇種もの植物を発表、命名した富太郎の人生は、あらゆる植物が織り込まれた植物絵巻のようなものです。力不足ではありますが、その一端をご覧いただければ幸いです。

草木と歩んだ94年 牧野富太郎 植物語り

目次

表紙写真
カスミザクラ botanical photo collage／奥田 實

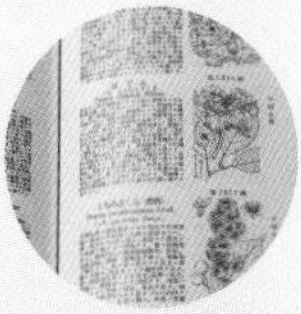

少年の心の友

バイカオウレン

早春の林床に咲く ふるさとの花

バイカオウレンは、山地の林など、やや日陰になるところで見られます。葉は五つに分かれ、株の中心から紫がかった花茎が伸び、白い梅の花のような花を咲かせます。花びらに見えるのはがくで、柄のある黄色い小さなものが本当の花びらです。富太郎のふるさと、高知県の佐川町では二月に咲き、まだ冬が色濃い風景の中でいち早く春の訪れを告げてくれます。本州、四国の山地で見られますが、中部以北では比較的高い山に生え、初夏に開花します。

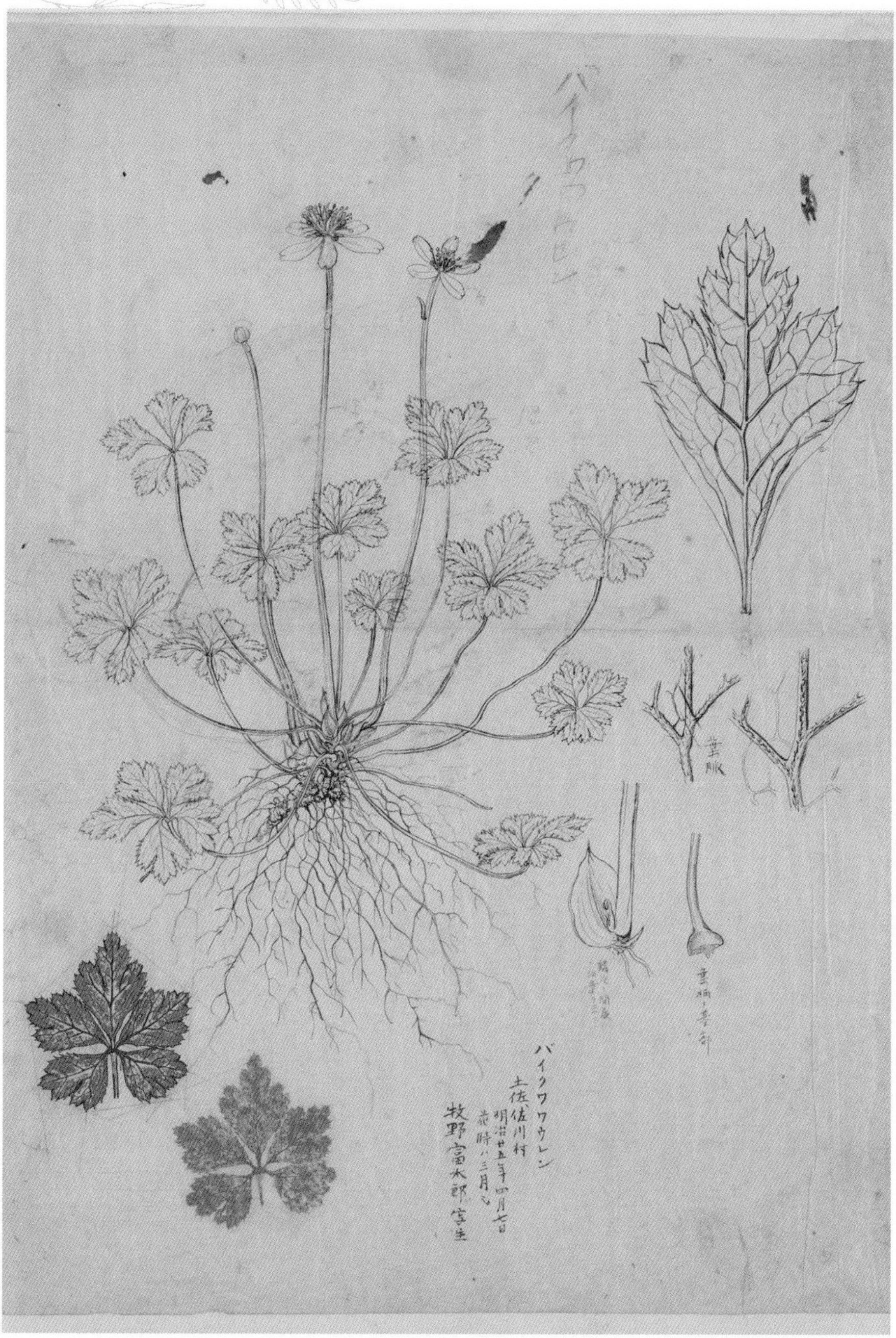

1892（明治25）年に、富太郎が描いた佐川町のバイカオウレン。おそらく標本用に採集したひと株全体を写生したもので、太い根茎から出る髭根などがていねいに描かれている。

早春のまだ伸びる草の少ない中、群れて咲くバイカオウレン。佐川ではこのような群生をよく目にする。

開花後中央に集まっていた雌しべは、子房がしずく型にふくらんで果実となり、リング状に開く。

「岸屋」の坊ちゃん

黒船が来航してから九年が過ぎた文久二（一八六二）年。日本が大きく変わりつつあった江戸末期、牧野富太郎は土佐の静かな山あいの村、佐川で生まれました。

幼名は成太郎といい、生家は小間物屋と酒造業を営む商家で、藩の御用も務める豪商でした。「見附の岸屋」といえば佐川村の近隣で知らぬ者はなく、成太郎が生まれた際には、店の若衆たちが川原で派手に凧を揚げて祝ったといいます。小さく生まれたうえに体が弱く、医者にかかることもたびたびで、「この子は無事に大きくなればいいが」と医者も案じるほど。岸屋に生まれた一人っ子を、人一倍気にかけたのが祖母の浪子でした。隣村から乳母を呼び、体に良いといわれるあれこれを食べさせてみたり、腕の良い鍼灸師を呼んでみたり。成太郎は、文字通り乳母日傘で育てられた「坊ちゃん」でした。

草木を友に

裕福な家に生まれた成太郎でしたが、四歳のときに父が、六歳のときに母が病死します。富太郎は、自叙伝で「私はまだ余り幼かったので父の顔も、母の顔も記憶にない。私はこのように両親に早く別れたので親の味というものを知らない」とつづっています。その後間もなく祖父も病死、祖母の浪子は成太郎の名を富太郎と改め、残された孫を守り育て、岸屋を懸命に切り盛りしました。

幼少期の富太郎はやせっぽちで、線の細いところがありました。浪子も店で忙しいため、少年は心の赴くままに山に入り、草木を手に取っては眺め、時間を過ごしました。このかけがえのない豊かな時間が、のち

深尾氏屋敷跡の牧野公園から見下ろした佐川の町。

の富太郎の礎となったことは間違いありません。「草木を友とすれば、さみしいということはない」。のちに富太郎は何度も書いていますが、佐川の草木は、会いに行けば必ずそこにいる、親しい友だちだったのでしょう。

なかでも家の裏山に咲くバイカオウレンは、富太郎の大のお気に入りでした。二月、上の神社へ続く石段の脇から花茎を伸ばして白い花を咲かせるのがこの花で、石段を上がって神社に着けば、境内を囲む「牛王様の森」に、名残の雪のように白い花の群落がありました。富太郎は東京に住むようになってからもバイカオウレンを恋しがり、土佐から送ってもらい、庭に植えたりしています。

名教館で学ぶ

十歳になるころ富太郎は寺子屋に通い始め、次に伊藤塾という私塾へうつり、士族の子どもと漢学を学び始めます。当時はまだ士族と町人の区別がうるさく、士族の子弟が「上組」、富太郎たち町人は「下組」でした。富太郎はきわめて優秀で、上組の子どもたちも富太郎を尊敬していたといいます。

間もなく富太郎は、塾の近くの名教館で学び始めます。名教館は佐川を治めていた深尾氏が開いた郷校で、国学や漢学のほか、西洋の学問を学ぶことができました。福澤諭吉の『世界国尽』や後藤達三の『訓蒙窮理（物理）問答』などが教科書として使われ、富太郎は砂地が水を吸うがごとく、貪欲に新しい知識を取り入れていきました。

博物図。明治６年の教育掛図の一つ。博物局の田中芳男のもとで小野職愨（もとよし）が選び、画家の長谷川竹葉が描いた。穀物之類・莢豆之類・根塊の類の三つが記載されている。

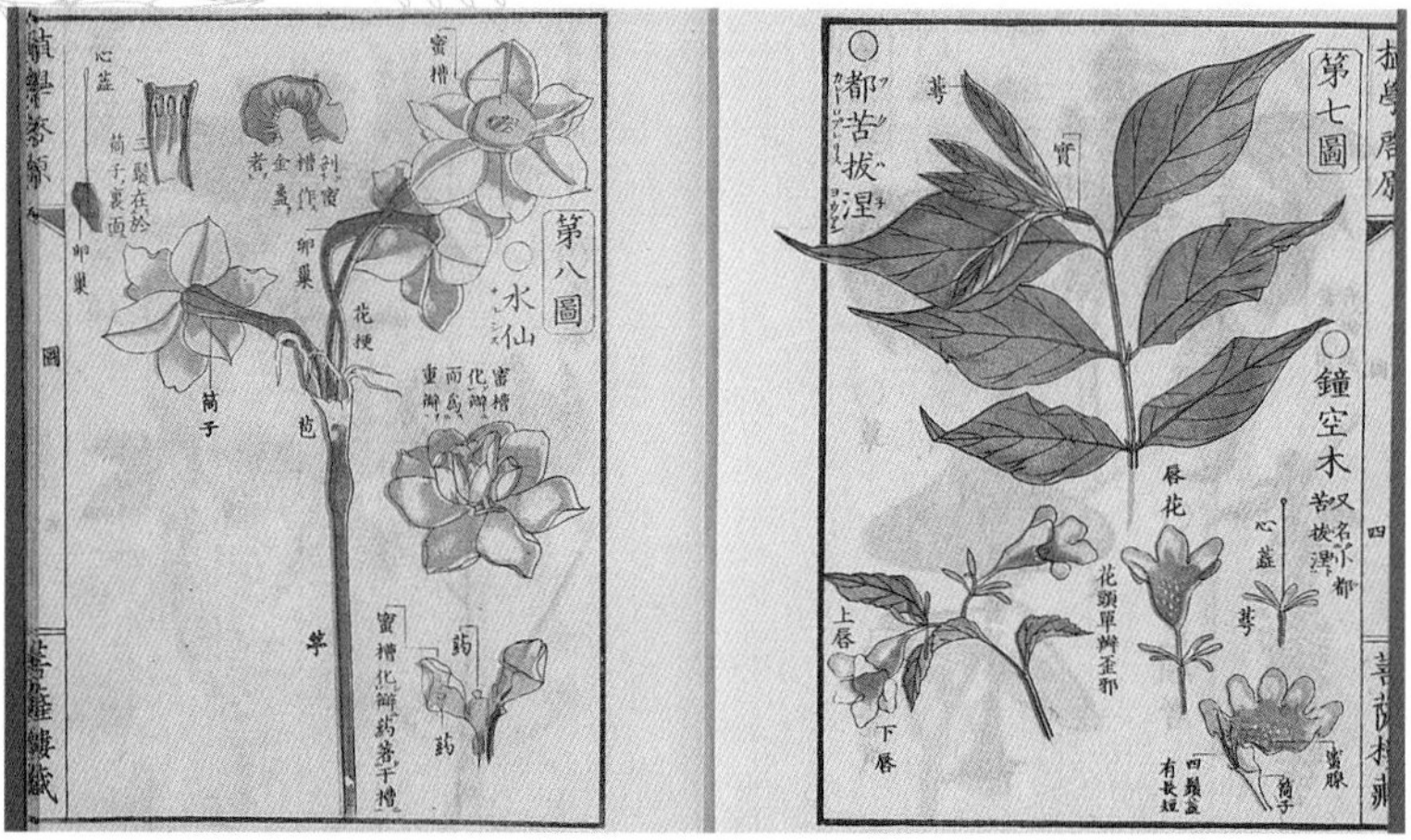

宇田川榕庵による『植学啓原』。

小学校を自主退学

明治七（一八七四）年、政府の学制発布が佐川にもおよび、小学校ができました。建物を校舎に使うため名教館は閉じることになり、富太郎も小学校へ入学します。このころは教科書が整備されておらず、民間の啓蒙書や翻訳書が使われていました。富太郎が入った下等一級では、瓜生政和の『西洋新書』、福澤諭吉の『窮理図解』などが教科書でしたが、富太郎にとってはすでに習ったことばかり。学校へ行く足は次第に遠のき、二年たらずで退学してしまいました。唯一興味を惹かれたのが「教育掛図」で、「飽かずに眺めた」と、のちに語っています。浮世絵画家として活躍した長谷川竹葉が描いた色彩あざやかなもので、富太郎は線の描き方や彩色の方法を読み解こうとしていたのかもしれません。

独学を積み上げる

学校をやめた富太郎は、再び野山に戻ります。見たことのない植物を求めて、家から六キロほど離れた横倉山へも出かけるようになりました。横倉山には古い石灰岩層があり、特徴的な地質のため貴重な植物が多く、植物の分類学でも有名な場所です。横倉山で発見した植物を、のちに富太郎は新種として発表することになります。

当時は今のような図鑑があるわけもなく、富太郎は本草学の専門書を取り寄せ、自分の採集した植物を首っ引きで調べました。村の医者が持っている蘭学の翻訳書を借り、引き写しながら読み解きました。佐川の野山を自然の教場とし、独力で本を読み解く。やがて「世界の牧野」として花開く知力と才能は、これらの独学によって育まれたものでした。

アブラチャンの花。樹皮や実に油分が多いことが名前の由来。「チャン」とは瀝青（れきせい）のことで、船や漁具の防腐塗料として使われていた。

初めての東京

十八歳のころ、富太郎は高知に出て私塾で学んだ時期があり、その折に永沼一郎という高知の師範学校の教師と出会います。植物学に熱心で、西洋の植物学書の翻訳を手がける永沼に導かれ、富太郎は初めて西洋の植物学にふれ、分類学という学問に出会いました。

植物学への興味は、趣味の域を超えた熱量を帯び始め、明治十四（一八八一）年、十九歳になった富太郎は、辞書や西洋の植物学の本や顕微鏡を買うために、初めて四国を出て東京へ行きます。上野で開かれていた内国勧業博覧会も、目的の一つでした。

番頭竹蔵の息子と若衆を一人お供につけて、高知の港まで歩き、蒸気船で神戸へ渡り、京都まで初めて「陸蒸気」に乗りました。徒歩で鈴鹿峠を越えて四日市へ出て、蒸気船で横浜に着くと、そこから再び汽車に乗って、ようやく新橋に到着。人の多さやガス灯の明るさに目のくらむ思いをしながら、一行は神田の知人宅でしばしの東京暮らしを始めました。

道中全てが「採集」

上京の道中は、富太郎にとってまたとない植物採集の機会でもありました。もとよりそのつもりで徒歩の行程を組み込み、採集道具を携えていました。鈴鹿峠を越える道ではいろいろ収穫がありました。初めてシラカシの木を見つけたので、さっそくその芽生えをとって茶筒に入れ、すぐに植えるように手紙を添えて佐川へ郵送。アブラチャンの花が咲いているのを見たのも初めてで、感激した富太郎は花のついた枝先をとって茶筒に入れ、こちらは東京まで持っていきました。

このころはまだ胴乱という採集道具を知らず、茶筒がそのかわりでした。茶筒のふたに小さな穴をあけて植物を入れ、大きなものは新聞紙の間にはさんだ上からさらに板ではさみ込み、抱えて歩きました。こんな具合で、東京に着くころにはけっこうな荷物になり、それを下宿に広げると、部屋はいっぱしの植物学者の研究室のようになりました。

海浜植物に感激する

山に囲まれた佐川で育った富太郎は海が珍しく、上京の旅の道中、四日市の港で船を待つ間にも、一時を惜しんで浜へ出て海辺の植物を採集してまわりました。そのとき目についたのが、ハマゴウの群落の上に生い茂るネナシカズラの風景でした。それはまるで、黄色い素麺をハマゴウの上にぶちまけたようでした。ハマゴウに寄生しながら、宿主をおおうばかりに伸び広がるネナシカズラの旺盛な生命力に、富太郎は強い印象をおぼえました。

富太郎はのちにこのネナシカズラを野山に生えるものと別種とし、ハマネナシカズラとして学名をつけ、牧野植物図鑑（初版増補版）で次のように記しました。「特にハマゴウの枝上に寄生し、あたかも黄色素麺をかけしごとく見ゆる一年生無葉寄生草本」。

上／ハマゴウの花。砂地に根をはって匍匐枝を伸ばし、7～9月に花を咲かせる。海岸の開発で数を減らしている。下／ハマネナシカズラ。葉と根を持たず、茎でほかの植物にからみつき、宿主から水と栄養を得て生きる。

第二回内国勧業博覧会の、第二機械館の錦絵。機械館では、水揚機械のひな形や、織物機械などが出展されていた。

博覧会見物

大きな目的の一つだった内国勧業博覧会にも、三人でそろって出かけました。

入り口の左右には大きな噴水があり、その奥には高い櫓時計がそびえています。櫓をくぐって会場に入ると、イギリスの建築家・コンドルによる西洋館が三人を出迎えます。春の上野は花ざかり、花見目当ての人出も多く、場内は大変なにぎわいで

飯田市内にある田中芳男顕彰碑隣にある田中枇杷。

田中芳男

す。園芸館の棚では、大きく仕立てられた見事な松や枝垂れ桜の盆栽が威容を誇り、富太郎たちの目はあちこちに奪われるばかりでした。

すぐ隣には東京教育博物館があり、海外の動物標本や植物標本や研究の器具が展示されていました。その中に植物採集のための胴乱とこてがあり、富太郎の目は釘付け。細大もらすまいと、スケッチに残しました。

「博物図」の作者に会う

富太郎の脳裏に焼き付いていた小学校の博物図。それを指揮したのは文部省博物局の田中芳男でした。そこで富太郎は、田中に会おうと博物局を訪ねます。田中は富太郎を快く受け入れ、実際の観察から得た富太郎の知識の深さに感心し、同じ博物局の小野職愨《もとよし》を紹介します。小野職愨は、本草学者として名高い小野蘭山の曾孫で、蘭山の記した『本草綱目啓蒙』は、富太郎がバイブルのように読み込んだ本でした。小石川植物園を案内され、富太郎は二人の師に目を開かれた思いでした。

田中枇杷を写生する

田中とはその後も交流があり、東京に暮らすようになった富太郎が田中の自宅に呼ばれ、枇杷《びわ》の写生をしたことがありました。それは田中が長崎から持ち帰った枇杷で、庭で育種していたものでした。大きな実を描きながら「終わったら一つ味見できるかも」と期待した富太郎ですが、田中は決して枇杷をすすめませんでした。「種を持ち出されたら、と心配されたのだろう」と、のちに富太郎は回想しています。

この枇杷は「田中枇杷」と名付けられ、その後全国に広がりました。主要なビワの品種として、一世紀を過ぎた今でも店頭に並んでいます。

シハイスミレ

土佐の春を彩る紫

シハイスミレは三月から四月にかけて、林の縁で落ち葉の中から顔をのぞかせます。西日本ではよく見られるスミレで、高知ではやや高い山の斜面でも花を咲かせます。

富太郎は多くのスミレに和名をつけた名付け親ですが、このよく知るふるさとのスミレにも名前をつけました。シハイというのは「紫背」で、葉裏が紫色という意味です。花の色は薄紅っぽい紫色から濃い赤紫まで変化があり、葉脈にそって白い斑が入るフイリシハイスミレなど、様々な姿のものがあります。

富太郎が描いた、『日本植物志図篇』第1巻第11集第67図版。5〜10は托葉、11〜12は包葉、13〜14はがく。22が雄しべと雌しべ。

写真上からヨコグラノキの果実、アオテンナンショウ。富太郎が命名、発表。一番下がサカワサイシン。カンアオイの一種で、富太郎が命名、発表。

植物の宝庫・土佐

土佐は山がちで平地が少なく、起伏に富んだ地形です。瓶ヶ森《かめがもり》や三嶺など、二〇〇〇メートルに迫る山から黒潮が洗う海岸まで森が連なり、年間を通してよく晴れる一方で、夏は多雨で台風が多く上陸します。複雑な地形と雨と日照に恵まれ、多様な植物が見られます。

東京で田中や小野に出会い、最新の植物学にふれた富太郎は、あらためてふるさとの植物相のおもしろさに目を開かれたのでしょう。日本の植物を知るには、まず土佐から。そう考えた富太郎は、佐川へ戻ると精力的に採集を始めます。

興味のつきない横倉山

なかでも横倉山は、若い富太郎がもっとも足しげく通ったフィールドの一つです。横倉山には石灰岩や蛇紋岩の古い地層が走っており、四億年以上前のコノドントの化石が出たことで知られています。富太郎は化石にも興味をもち、ドイツ帰りの地質学者・小藤文次郎とともに発掘をしたこともあります。

横倉山はこのように特殊な土壌をもつため、ほかでは見られない植物が見られます。有名なのがヨコグラノキです。クロウメモドキ科の木で、初夏に黄色い花を咲かせ、秋に赤い実をつけます。主に石灰岩質の崖地や川沿いで見られる希少種で、富太郎が命名、発表しました。ほかにもヨコグラックバネやジョウロウホトトギスなど、のちに富太郎が新種として発表したものが複数あります。

二十歳の誓い

土佐の植物を調べる一方で、十九歳のころ、富太郎は活発化していた土佐の自由民権運動に参加しています。しかしやがて自分のなすべき学問へ思いを新たにし、二十歳の年に自らに課す誓いをたてます。それは植物学を生涯かけて学んでいくための、希望に満ちた抱負でした。赭鞭とは、中国の伝説上で植物学、薬草学をひらいた神農が持つ赤い鞭のことで、富太郎は鞭を打つように自らの心に刻みつけるという意味を込めたのだと思われます。

20歳のころの富太郎。

赭鞭一撻《しゃべんいったつ》　結網子《けつもうし》

忍耐を要す
何をするにも耐え忍んで続けること。

精密を要す
いい加減に済ませず、精密を心がけること。

草木の博覧を要す
たくさんの植物を観察しなければいけない。

書籍の博覧を要す
できる限り多くの書物を読み、研究に活かすこと。

植学に関係する学科は皆学ぶを要す
物理や化学、動物学など関係分野も学ぶこと。

洋書を講ずるを要す
西洋の進んだ学問を身につけること。

当に画図を引くを学ぶべし
研究成果の発表に有効な描画術を学ぶこと。

宜く師を要すべし
書物だけでなく、そのことに詳しい先生から学ぶこと。

吝財者は植学者たるを得ず
植物の研究にひつような資金を惜しんではいけない。

跋渉《ばっしょう》の労を厭ふ勿れ
山野に足を運び、実地の観察を避けていてはいけない。

植物園を有するを要す
植物を植えて観察するための施設を持つこと。

博《ひろ》ひ交を同志に結ぶ可し
知識を与え合う同好の士を持つこと。

邇言《じげん》を察するを要す
さまざまな人のちょっとした言葉を記録し、研究に活かすこと。

書を家とせずした友とすべし
書物に書かれていることに対して、批判もできるような、対等の立場でいること。

造物主あるを信ずるなかれ
未知なる自然の現象を神のみわざをとらえることは、真理への道をふさぐことである。

(原文を現代語訳で要約　『牧野富太郎の本』高知県立牧野植物園／刊より)

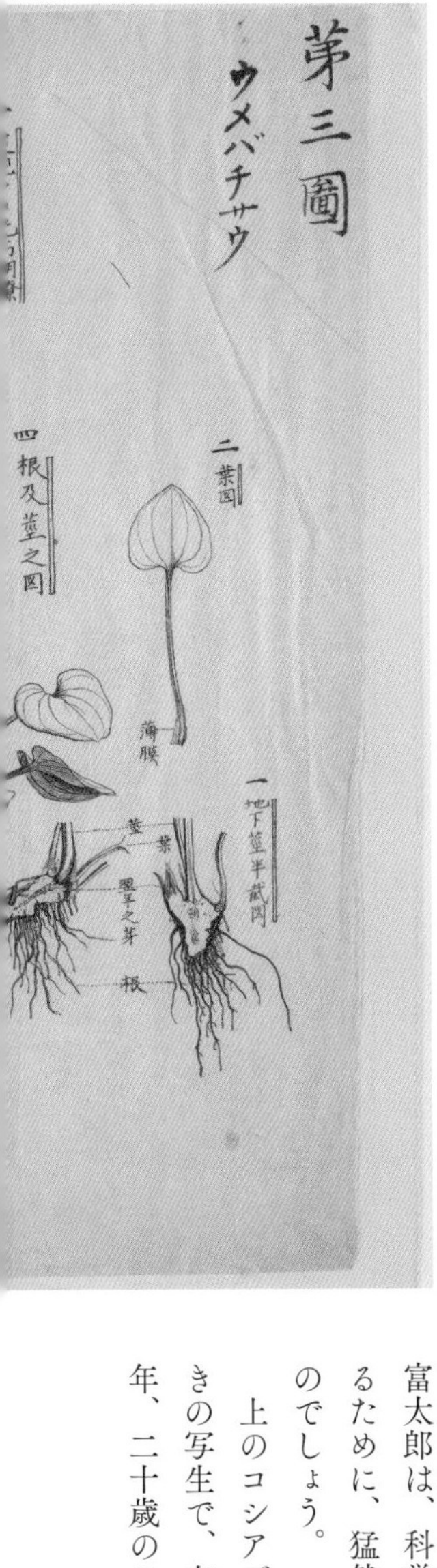

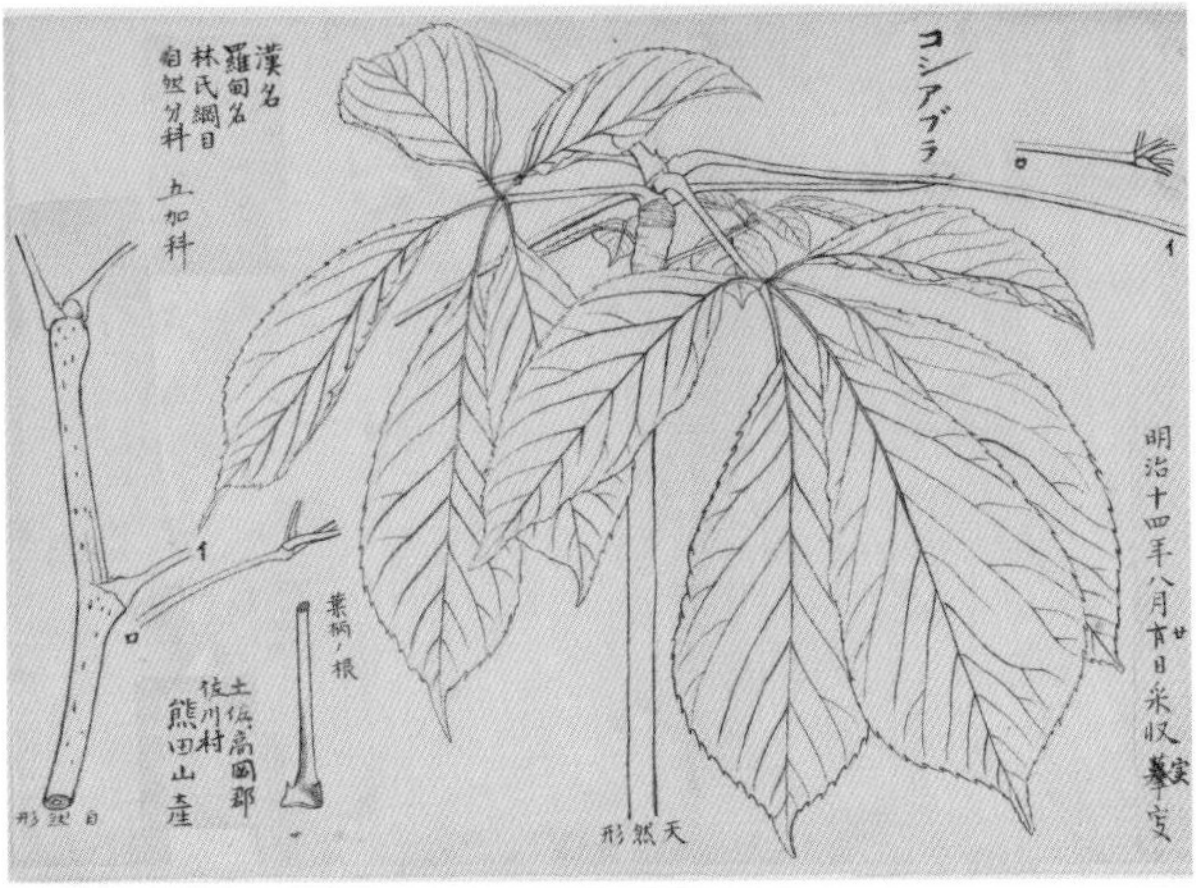

上／19歳で描いたコシアブラの図。陰影がなく平坦な印象。下／葉を伸ばしたコシアブラ。

当に画図を引くを学ぶべし

富太郎が本格的に採集を始めたのは十九歳のころで、同時に持ち帰った標本をつぶさに観察しながら、それを図描する術について本格的に探り始めました。

十代後半には『植学備《び》攷《こう》』や『植学略解』、『植学啓原』を緻密に写本し、上京した折に足を伸ばした日光の山の地形図や化石のデッサンなども描いています。これらを見ると、富太郎に天性の図描力があったことは疑いようがありませんが、趣味で描くことと、研究として公に発表する図を描くことは全く違うものです。富太郎は、科学的な描き方を獲得するために、猛然と試行錯誤を始めたのでしょう。

上のコシアブラの図は十九歳のときの写生で、左のウメバチソウは翌年、二十歳のころの図描です。図録

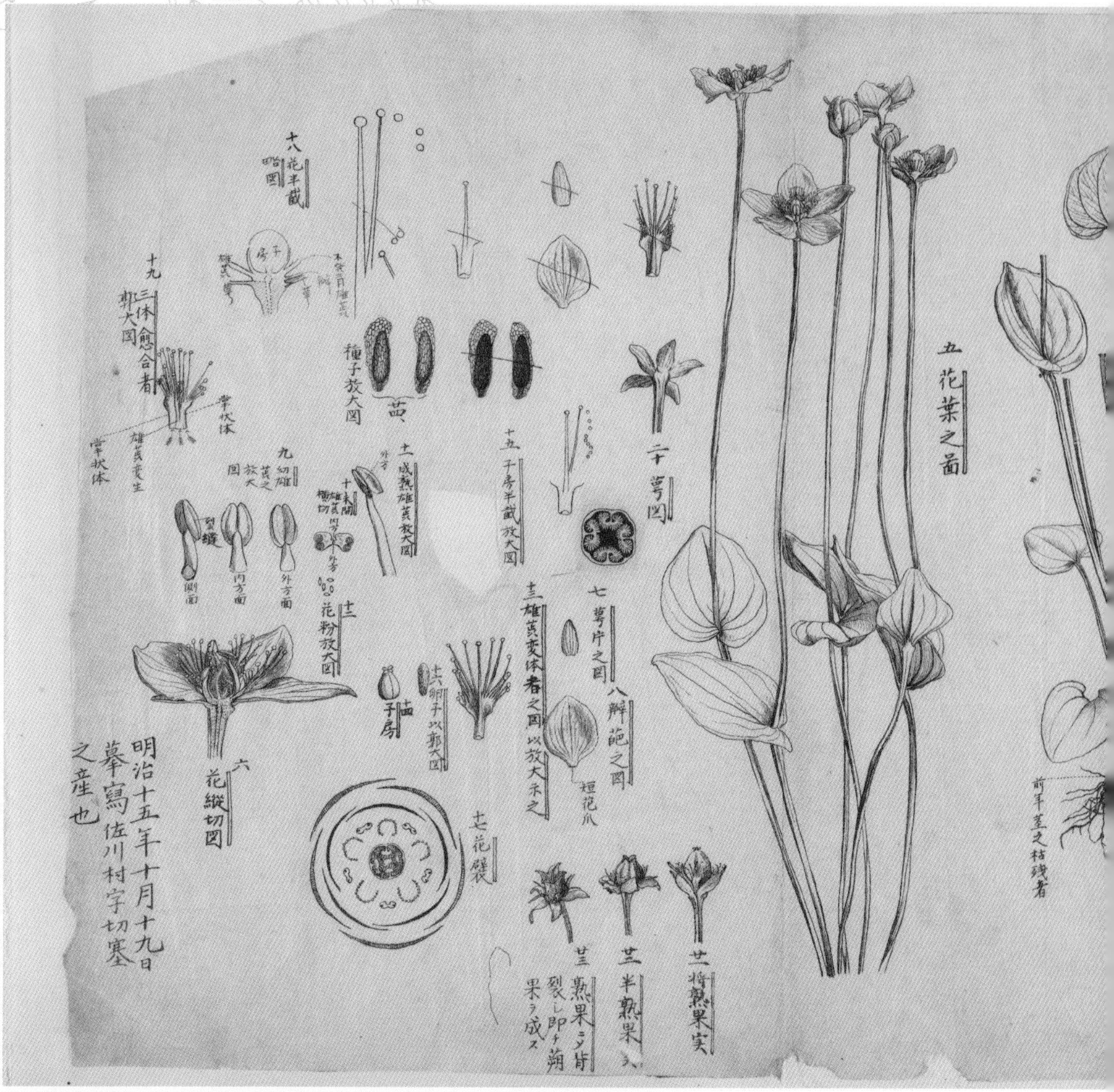

上／20歳のころに描いたウメバチソウの図。花を分解し、根まで詳細に記録している。下／ウメバチソウ。山地で秋に咲く。

『牧野富太郎と植物画展』では、この二点について「コシアブラの図にはまだ江戸の本草学の影響が感じられるが、ウメバチソウの図は画風が一変し、精密、詳細になった（一部略）」と解説しています。

column 1

スミレ談義

スミレ。日当たりの良い丘陵地や人家のそばで見られ、4〜5月に濃い紫色の花を咲かせる。

古人《いにしえびと》のスミレ礼讃

しおらしく美しい花をうららかな春の野に開いて、やわらかな春風にゆらいでいるスミレ。古より、日本人はスミレを愛してきました。富太郎は野の花を語るとき、古い和歌をよく引用します。スミレの場合、引いてくるのは山部赤人。スミレ愛が群を抜き、「ちょっと他人の及ばないほどのスミレの愛人である」と評しています。

その歌が「春の野にすみれ摘みにと来し吾ぞ　野をなつかしみ一夜寝にける」。スミレがそこにあったのでその野がことさらなつかしくなり、そのまま一夜を過ごしてしまった。なるほど、俗人には及ばないスミレ礼讃です。

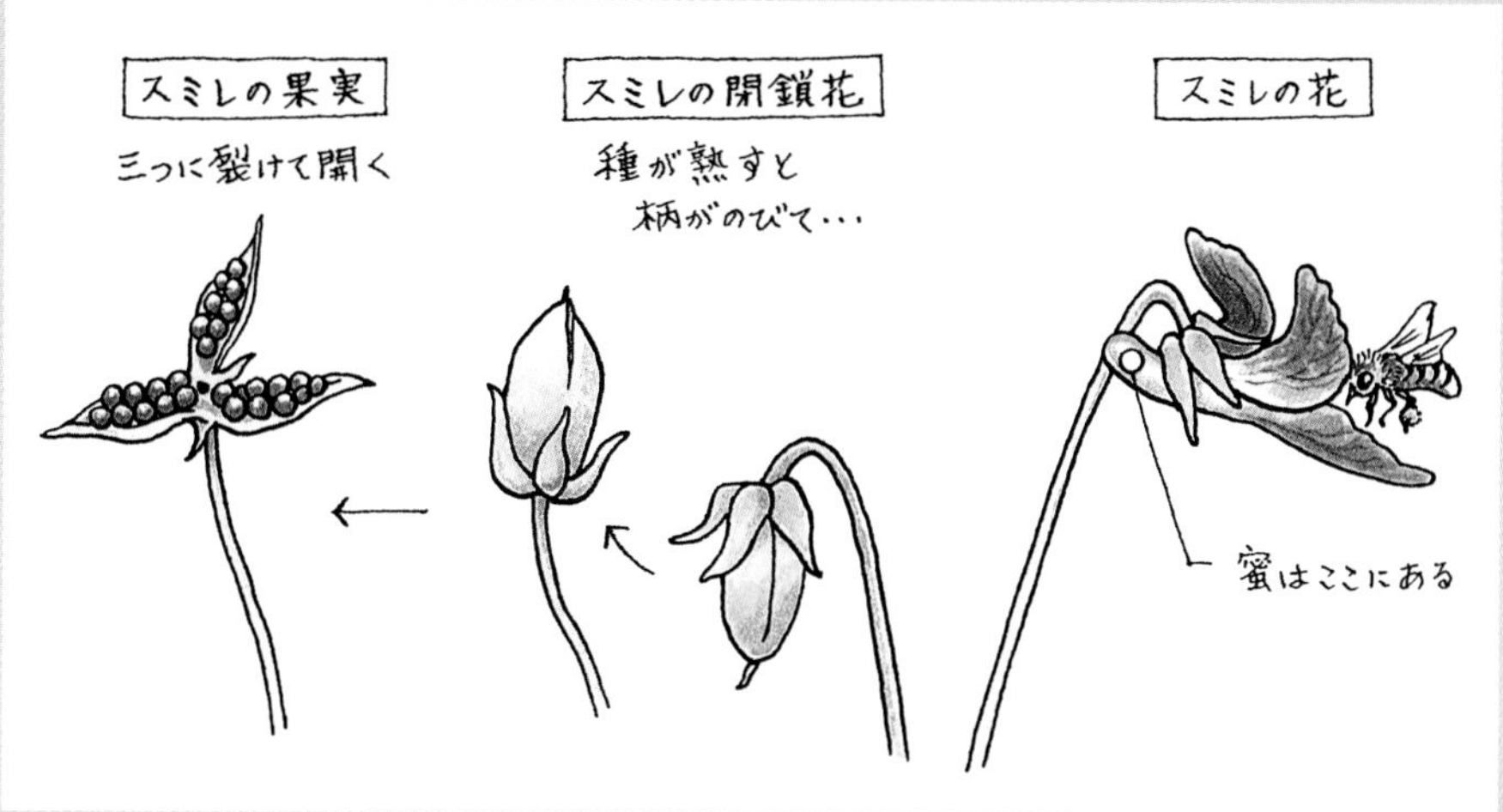

巧妙な虫媒花なれども、実を結ばず

　スミレの花は、虫を誘い込んで受粉をするため、実に巧妙な作りの独特な形をしています。花が横向きなので昆虫が止まるのに都合が良く、花の後方に突き出た距《きょ》に蜜があるので、昆虫は距の中に頭を突っ込むことになります。距の中には、雄しべから出た二つの梃子のようなものがあり、例えばミツバチが口先を距の中に突っ込むと、その梃子が動きます。すると梃子につながる雄しべの葯が動き、花粉がミツバチの頭にふりかかり、ミツバチが次に別の花を訪問すると、その花の雌しべに花粉がついて受粉が成立します。

　ところがこの巧妙にできた花は、ほとんど実を結ばずに散っていきます。富太郎いわく「あのとおり美花を開いてもその目的の実が生らず（中には生ることもないでもないけれど）、種子ができんとしてみるとこれはスミレの一生にとってはじつに容易ならぬ一大事で、うっかりしてはいられない事件だ」。

結実の妙味・スミレはどう咲いてもよい

「しかし世の中はよくしたもので、スミレは花はどう咲いてもよい。それには秘伝がちゃんと備わっている」。富太郎はこう続けて、スミレの閉鎖花について語ります。

　閉鎖花とは花びらを開かず、まるでつぼみのように見えるもので、普通の花が散るころから姿を現し、それが夏から秋まで続きます。自家受粉によって大変盛んに強力な種子をこしらえ、実が熟すと葉の上に姿を現して三つの殻片に開き、パチンと種子を飛ばします。

上／ニョイスミレ。全国のやや湿った場所で見られる。下／タチツボスミレ。全国で広く見られる。

本当のツボスミレとは

　富太郎が繰り返し訴えていたのが、本来の「ツボスミレ」はどのスミレか、ということです。今でも「ツボスミレ」を調べると、白い花の小さなスミレとなっているものが多いのですが、これは決してツボスミレではありません。真のツボスミレは紫色で、「ツボ」というのは「庭先」という意味であり、つまり人家の庭先のようにどこにでも見られる種でなくてはならず、それが該当するのは「タチツボスミレ」と呼ばれるスミレです。

　富太郎が根拠としたのは『堀河院百首』にある和歌です。「はこね山　うすむらさきのつぼすみれ、二しお三しお誰か染めけむ」、「浅芽生の荒れたる宿のつぼすみれ　誰が紫の色に染めけん」。この「つぼすみれ」は、紫色でなくてはなりません。また、江戸時代末期の岩崎灌園が描いた全九十六巻からなる『本草図譜』には、正しいツボスミレの名前と図が出ているといいます。富太郎の主張をまとめると以下のようになります。

本当のツボスミレ→現在の「タチツボスミレ」

現在のツボスミレ→混乱を防ぐため、富太郎が「ニョイスミレ」と命名

　このように、富太郎は植物の名前についても常に疑問をもち、あらゆる文献を駆使して名前の歴史を探りました。

日本はスミレの一等国である

1 シコクスミレ
本州～九州の山地に咲く。
2 タカネスミレ
高山の礫地に群落で咲く。
3 ヒメスミレ
本州～九州の人家近くに咲く。
4 マキノスミレ
シハイスミレの変種で富太郎を記念した名。
5 スミレサイシン
北海道と本州の日本海側で咲く。

また、富太郎は幾度となく、スミレ類とスゲ類の種類の豊富さを述べています。現在世界で認められているスミレの種類は六百種以上で、そのうち五十～六十種が日本で見られます。日本のスミレの多様性は世界に冠たるものであり、日本には世界に誇るに足る植物があるというのが、富太郎の主張です。

富太郎ゆかりのスミレたち

富太郎は、多くのスミレに名前をつけました。富太郎が命名したスミレ、富太郎の名前を冠したスミレなど、富太郎ゆかりのスミレをご紹介しましょう。

ヤマトグサ

本邦初・日本人による学名が日本で発表された植物

どこかハコベに似た姿であまり目立ちませんが、これは日本人が最初に学名をつけて植物学雑誌に発表した、日本の植物学史上有名な植物です。富太郎と東大植物学教室の大久保三郎によって記載されました。ヤマトグサはヤマトグサ科に属し、世界で四種、日本ではこの一種だけが確認されています。本州、四国、九州の山地の森や林の縁で、四〜五月に花を咲かせます。白く目立つのは雄花で、雌花はごく小さく、目立ちません。

富太郎が描いた、『植物学雑誌』第1巻第9号に掲載されたヤマトグサの図。この後、第3巻23号で学名をつけ、あらためて発表している。

上／土佐清水市松尾にある樹齢三百年のアコウ。国の天然記念物に指定。下／海沿いの崖地に咲くアシズリノジギクの群落。

日に照らされ、風に吹かれて採集する

誓いをたてた二十歳前後、富太郎は土佐の南西部を広くまわり、ひと月かけて植物採集を行いました。足摺岬、そこからさらに柏島、その先の沖の島まで足を運びました。

岬の集落には大きなアコウがそびえ、ヤブツバキが生い茂る中を進むと、岩壁には可憐なアシズリノジギクが群れて咲いています。この旅行は「非常に私の植物知識を増やすのに役だった」と、のちに富太郎は回想し、「植物の分類をやる人々は、ぜひとも各地を歩きまわらねばウソである。家にたてこもっている人ではとてもこの学問はできっこない。日に照らされ、風に吹かれ、雨に濡れそんな苦業を積んで初めていろいろの植物を覚えるのである」とつづっています。

東京大学理学部教授、
矢田部良吉。

二度目の上京

　土佐の植物標本もだいぶ集まり始め、富太郎の植物学への思いは一層強くなりました。岸屋を祖母の浪子と番頭に任せ、自分は東京と佐川を往復しながら植物学を学びたいと考え、祖母に打ち明けます。佐川の家にはいとこの猶が手伝いに入っており、猶と富太郎を一緒にさせたいというのが浪子の思いでしたが、富太郎の強い思いと才能を考えれば、受け入れるしかありません。富太郎は植物標本の束を抱えて、再び東京へ向かいました。

　この後富太郎は東京と佐川を行き来しながら暮らし、この間に、祖母の思いをくんで猶と結婚します。しかし富太郎の心は常に東京にあり、我がままな生き方を貫く富太郎と猶の関係は長く続かず、数年で別れることになりました。

東京大学に出入りを許される

　明治十七（一八八四）年の夏、富太郎の姿は、神田一ツ橋の東京帝国大学理科大学にありました。大量の紙の束を広げ、土佐の植物を説明し、不明な点について熱心に質問しています。

　富太郎の話をおもしろそうに聞いているのは、植物学教室の矢田部教授です。矢田部良吉はアメリカで植物学を学んで帰国し、設立当初の理学部で数少ない日本人の教授でした。そして着任と同時に、植物分類学の基礎固めのために標本室を立ち上げます。助教授の松村と御用掛の大久保とともに各地を訪れ、標本採集に力を注いでいたのが、ちょうどこのころでした。

　毎日のように教室を訪ねてくる富太郎と、おそらくは富太郎の標本にも興味をもった矢田部は、大学の本や標本を自由に見てもよいと告げました。思いがけない幸運によって、世界へ通じる植物学の道が富太郎の目の前に開かれ、富太郎は喜びに目がくらむ思いでした。

『植物学雑誌』創刊号を飾る

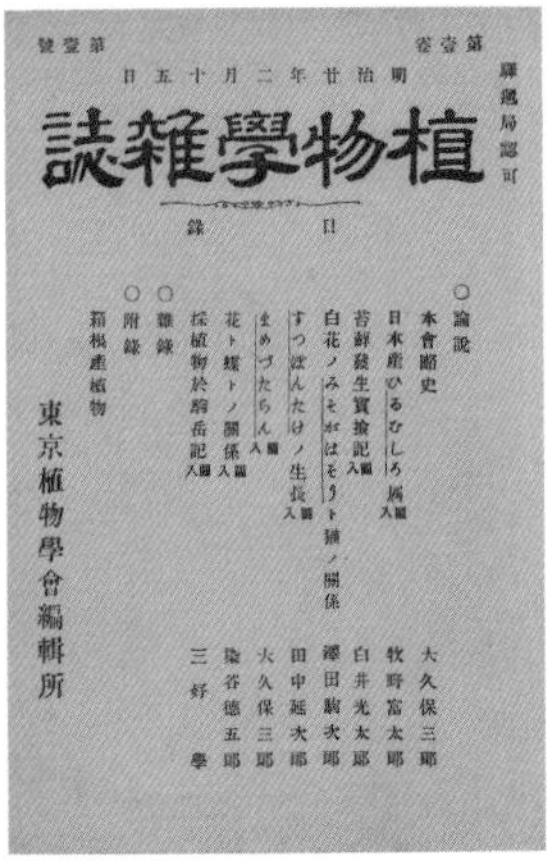

第壹卷　第壹號
驛遞局認可
明治廿年二月十五日
植物學雜誌
目録
○論説
本會略史　大久保三郎
日本產ひるむしろ屬 圖入　牧野富太郎
苔蘚發生實驗記 圖入　白井光太郎
白花ノみそがはそうト蝿ノ關係　澤田駒次郎
すつぽんたけノ生長 圖入　田中延次郎
まめづたらん 圖入　大久保三郎
花ト蝶トノ關係 圖入　染谷德五郎
採植物於駒岳記 圖入　三好學
○雜録
○附録
箱根產植物
東京植物學會編輯所

『植物学雑誌』創刊号の表紙。

富太郎は、佐川と東京を往復する生活を始めます。東京では、昼間は大学で標本と本を調べ、夜は飯田町の下宿で文献を写したり読み込んだり、文字通り寸暇を惜しんで研究に打ち込みました。佐川に帰ると標本採集に注力するので、富太郎の下宿はあっという間に植物をはさんだ紙の束でいっぱいになり、「タヌキの巣」と呼ばれるほどでした。

植物学教室には三好学など数人の学生がいて、富太郎はすぐに親しくなり、しばしば鍋などつつきながらお互いの抱負を語り合いました。そんな中で持ち上がったのが植物学の機関雑誌の創刊です。日本の植物学を世界水準にするためには、機関誌をもち、英語で論文を発表する必要がありました。東京植物学会が創設されて数年というタイミングもあって話は順調に進み、明治二十（一八八七）年、『植物学雑誌』が創刊されました。

創刊号の表紙には、当時の植物学教室のメンバーが名を連ね、富太郎もヒロハノエビモ、ササエビモの論文を発表しています。

「ヤマトグサ」を命名、発表する

このころ、日本で採集した植物が何なのか判断するには、標本を海外へ送って鑑定してもらうしかありませんでした。日本の植物研究は薬用に重点を置く本草学として発展してきたため、体系的な分類の判断基準となる標本や文献が、日本には不足していたからです。

そんな中、富太郎は『植物学雑誌』で、自ら学名をつけた植物を新種として大久保とともに発表します。それは明治十七（一八八四）年に富太郎が土佐で発見したもので、のちに同郷の研究家が追加で送ってきた標本と合わせて検討し、富太郎はこれが新種であると確信、*Thelygonum japonicum Okubo et Makino* と学名をつけ、ヤマトグサという和名とともに欧文で発表したのです。ヤマトグサは、日本人が学名をつけて日本で発表した、初めての植物になりました。

創刊号に掲載された、富太郎が描いたヒロハノエビモとササエビモの図。

青長屋の仲間たち

エキサイゼリ

友の名を織り込んだ、珍しいセリ

日本固有のセリの一種で、あまり開発されていない河川敷の湿地に生えます。関東では渡良瀬遊水池などで見られますが、絶滅が危惧されています。漢字で書くと「益齋芹」で、富山藩主の前田利保が江戸郊外で採取したものを画家に記録させたことから、この大名の号を取って富太郎が名付けました。学名は*Apodicarpum ikenoi*で、富太郎の親友であった池野成一郎の名を織り込んだものです。

富太郎が描いた、『日本植物志図篇』の第58図版。3～4が花とその断面、5～6が花弁、9～11が子房、13が果実。

明治33年の小石川植物園。『東京帝国大学』小川一真／編。

草創期の植物学教室

植物学教室が属する理学部は、明治十（一八七七）年、東京大学創立と同時に設置されました。植物学は生物学科四年のうちの最後の一年を学ぶ専攻科でした。

富太郎が出入りを始めてから間もなく、校舎は一ツ橋から本郷へ移転しましたが、植物学教室が入ったのは病棟として建てられた建物で「青長屋」と呼ばれていました。この青長屋の中に動物学科、地質学科も部屋を連ねていて、植物学教室が使えたのは、教授室、講義室、実験室の三部屋のみ。学生は廊下に机を並べて、多くの実験や研究を廊下でやっていたようです。

小石川植物園は大学創立とともに東京大学附属となり、シーボルトから蘭学の教えを受けた伊藤圭介が員外教授として植物園に勤め、植物園で栽培する植物の分類を研究していました。また、植物を図描する画工として数人が植物園の実務を行い、のちにイチョウの精子を発見する平野作五郎も画工としてここにやってきます。

富太郎が親しんだ学生の中には、のちの大学者が多く名を連ねます。三好学は桜と花菖蒲の研究で知られるほか、天然記念物の保護事業にも貢献しました。岡村金太郎は日本の海藻を研究、藻類学の創始者となりました。酒屋の息子である田中延次郎は、菌類学者として『日本菌類図説』を執筆しました。

生涯の親友・池野成一郎

植物学教室の仲間の中で、特に親しくしたのが池野成一郎です。池野は「万事ものごとにこだわらないさばさばした気質の男」で、富太郎とは気が合いました。池野が卒業した

右／池野成一郎。左／富太郎たちが採集したと思われる、初代のナンジャモンジャの木。

明治二十三年に出かけた東北の採集旅行の思い出を、富太郎はつづっています。

　東北線が洪水で不通となり、小山駅から水戸へ出た二人は、そこから徒歩で東北を目指すことになりました。宿のない日もあったこと、宿の使用人に払った茶代がちょろまかされ、布団部屋に寝かされたこと。仙台の宿で、近眼の池野が便所の縦横を間違えて「ここの便所は幅が広いから気をつけろ」と言ったこと。二人はそこから栗駒山まで歩き、さかんに採集しました。卒業後、駒場の農科大学へ移った池野がたまに本郷に来るとき、「ぼくは牧野に会いに来たんだ」と言うのがとてもうれしかったと、富太郎は述べています。

青山練兵場の
ナンジャモンジャの木

池野がまだ学生のころ、二人は夜中に青山の練兵場で標本採集を強行したこともあります。ねらった植物は「ナンジャモンジャの木」。正しい名前はヒトツバタゴで、自生地が少ないため珍しく、正体不明のナンジャモンジャと呼ばれるようになったのです。

　白い花の盛りの夜、二人は人力車夫を一人やとって練兵場へ赴き、車夫を木に登らせて花枝を折らせました。「夜中で人が見ていないから自由に採れたし、練兵場も荒れていて、この樹も後年のように大事がられてなかったので、採集に成功したわけである。それに学術資料を採るのだから、そう罪にはなるまいと考えた」。青山練兵場とは、現在の神宮外苑にあたり、今でもナンジャモンジャの三代目が元気に葉をしげらせています。

鹿児島県立博物館の入り口横にある、池野が精子を発見したソテツ。

世界を驚かせた池野の研究
ソテツの精子発見

池野は駒場の農科大学の講師を勤めたのちに教授となり、明治二十九（一八九六）年、ソテツの精子を発見して発表、世界を驚かせました。ソテツは、シダと球果類（裸子植物の中で、マツやスギなど球果を作るもの）の中間的な植物です。シダ類は精子で受精し、球果類は花粉で受精しますが、中間のソテツの受精の仕組みはわかっていませんでした。

池野は、ソテツに精子がある可能性に注目し、その年二度、鹿児島を訪れてソテツを観察し、持ち帰った試料で精子を確認、発表しました。

池野は、同じ年の九月、画工の平野作五郎が小石川植物園のイチョウで精子を観察した際そばにいて、平野が論文として発表するまでこまやかに援助したことでも知られています。池野が精子を発見したソテツの子孫は、鹿児島から移植されて小石川植物園の正門近くにあり、今も見ることができます。

上／ソテツの雄花。下／ソテツの雌花。

神崎神社にあるナンジャモンジャの木。国指定の天然記念物。

「ナンジャモンジャとは、ドンナモンジャ？」

ナンジャモンジャの木について、富太郎は随筆で「なんじゃもんじゃとはドンナモンジャ、ソレハコンナモンジャと提出せらるる物が幾つもある」。と書き、「折にふれて首実験した」結果をつづっています。東京青山の原にあるのはヒトツバタゴ。筑波山にあるのはアブラチャン。紀伊の那智の滝にあるのはネズミモチ。これらは全て偽のナンジャモンジャで、真のナンジャモンジャのご本尊は千葉の下総神崎にある。これはクスノキであるが、これは水戸の黄門公が「この木はなんというもんじゃろうか」と自問したという故事があり、文献を調べたところ、これは本当である。ゆえに神崎のクスノキは本当のナンジャモンジャである。「これで解決がついた」とし、神崎のナンジャモンジャをぜひ見に行くようにすすめています。

日光女峰山の崖地で咲くコウシンソウ。葉や花茎から出る粘液で小さな虫を捕らえて栄養とする。

桜の博士・三好学

三好学は、富太郎いわく「どちらかというと、もちもちした人づきあいの悪い男だが、いたって気のいい男」。二人はよく東京近郊の採集に出かけました。平林寺（埼玉県新座市）まで出かけた道中で富太郎が見たことのない植物を見つけると、三好はすぐに「それはカガリビソウだ」と断定、富太郎は三好の博識にとても驚きました。三好はその後、日光でコウシンソウを発見、植物学に生理学、生態学を導入し、桜と花菖蒲の博士としても有名になりました。

海藻の博士・岡村金太郎

岡村金太郎は三好の同期で、富太郎いわく「江戸っ子肌の男で、竹を割ったようなきわめてさらさらした性格」。海藻が専門で、日本近海をたんねんに調べて数多くの海藻を発見、水産講習所の所長となって学生を指導、海苔の養殖技術開発にも貢献しました。岡村と三好はよくけんかをする間柄で、ある日三好が書庫の鍵をなくしたのを岡村が矢田部教授に言いつけたとかで大げんかしたこともあり、「わたしはいつも仲裁役だった」と富太郎は述べています。

三好学

岡村金太郎

三好学の『桜花図譜』。原寸大の桜が、三好の手により丁寧に描かれている。上下巻で112品種を掲載。

ジョウロウホトトギス

深山の崖に咲く貴婦人

ジョウロウホトトギスは、富太郎が二十五歳のときに横倉山の岩場で発見し、命名、発表したものです。山地の急な崖に垂れ下がって茎を伸ばし、つぼみのときは上を向いていますが、次第に下向きになり、秋に黄色い花を咲かせます。きれいな釣り鐘型で、花びらには光沢があり、内側には赤紫色の斑点があります。生息地が四国の一部に限られているうえに盗掘があとを絶たず、絶滅が危惧されています。

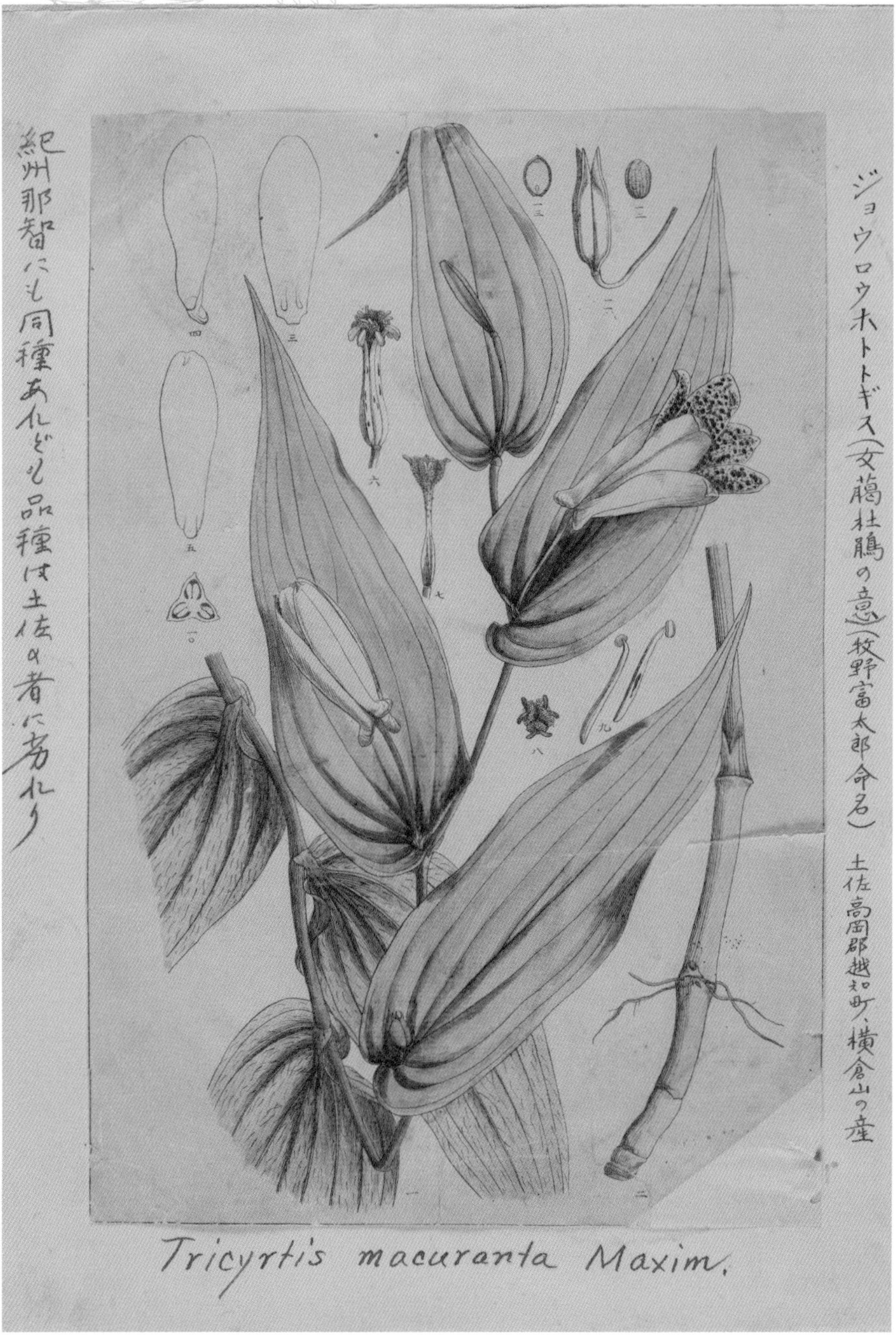

富太郎が描いた『日本植物志図篇』第1巻第1集第1図版に、のちに彩色したもの。

日本の植物誌を知らせたい

植物学教室という場所を得た富太郎の研究は、植物学会の雑誌にさかんに論文を出し、標本の数も増え、佐川にいたころとは比べものにならないほどの充実ぶりでした。しかし、富太郎は満足していませんでした。自らが採集した植物を海外の研究者に鑑定してもらい、答え合わせをしてもらって発表するような状況に、歯がゆい思いがありました。また、大学で海外の見事な植物誌を見るにつけ、日本にも植物誌があってしかるべきだという思いが一層強くなりました。

『日本植物志図篇』創刊号の表紙。

日本は南北に長く、高い山も多い。気候も地形も変化が多く、日本の植物相の豊かさは世界に冠たるものだ。それを早く世界に知らしめたい。日本の植物学だって立派なものだと、世界に示したい。そのためには、日本の植物誌を一刻も早く完成させたい。本という形にして出版したい。本の名は『日本植物志』、これを自分で作ることに全力を注ぎたい。富太郎の胸の中で、この思いが抑えがたくふくらんでいました。

植物誌とは、ある地域の全ての植物について、種類や生態などの情報を余すところなく詳細に記録したものです。どのような植物がどのように分布しているか、それが他の地域とどう異なり、どう関連があるかを示す、植物学の最も基礎的なデータとなります。重要な記録ですが、作るには地道な努力と長い時間が必要で、それを日本全土でやろうなどと思う人間は、自分のほかにはまずいないだろうと、富太郎は考えました。

自ら印刷し、自費で出版する

植物志を出版するのは土佐に帰ってゆっくりやろうと考えていましたが、当時の土佐には石版の印刷所がありませんでした。絵の再現力があり、しかも製版が比較的かんたんという意味で、当時の印刷技術では石版が最もふさわしいと、富太郎は考えました。であるならば、自分で石版印刷ができるようになればよい。印刷機は買って、佐川へ送ればいいのだ。

「自分で言うのも変だが、私は別に図を描くことを習ったわけではないが、生来絵心があって、自分で写生などもできる。そこで特に画家を雇うて描かせる必要もないので、まず

左／コオロギラン。第一巻とともに標本を送ったと思われる。右／ミズオトギリ。

どうにか独力でやってゆけると考えたのである」。自叙伝でこう延べたように、富太郎はさっそく、神田錦町の印刷所に弟子入りを志願します。昼は大学で研究、夜は石版印刷修業、驚くべき集中力で技術を習得していきました。

マキシモヴィッチに献本する

印刷には目処がたちましたが、肝心の版元は見つからず、金の苦労を知らない「岸屋の若だんな」は、自費出版に踏み切ります。かくして、明治二十一（一八八八）年十一月、『日本植物志図篇』第一巻第一集が完成、富太郎二十七歳のときでした。

巻頭を飾る図は、横倉山で発見したジョウロウホトトギス。第一集には、土佐の野山で手に取って、観察してきた植物が並びました。第一巻を目した田中芳男と小野職愨は、そのできばえに感嘆の声を上げ、植物学教室の一堂も感激し、喜んでくれました。富太郎は、これをロシアのマキシモヴィッチに、標本とともに送りました。当時、日本や東アジアの植物の専門家として、富太郎たちの標本を鑑定していた研究者です。ジョウロウホトトギスや一巻に収録したミズオトギリも、マキシモヴィッチの鑑定でした。マキシモヴィッチも図を高く評価し、富太郎にていねいな返信をくれました。

ロシアの植物学者、カール・ヨハン・マキシモヴィッチ。

寿衛との出会い

富太郎は酒屋に生まれながらも、実は酒が飲めず、代わりに甘いものに目がありませんでした。そのせいか菓子屋は目につきやすく、通りすがりにのぞいては菓子の品定めをしていました。大学への通り道にも小さな菓子屋があり、富太郎は始終その前を通りながら、店の娘を見染めます。名前を小沢寿衛といい、父は彦根藩主の家臣をつとめ、のちに陸軍勤めになり、飯田橋のお堀近くに大きな屋敷を構えるほどの家でした。京都生まれの母の仕込みで歌や踊りを習う令嬢でしたが、父亡きあとは質素な暮らしとなり、母子で菓子屋を営んでいたのです。

富太郎はこの娘と結婚したいと思うようになりましたが、女性についてはどうしたものやらとんとわからず、逡巡を重ねた果てに印刷所の主人、大田に仲介を頼みます。大田は、突然弟子入りを志願してきた風変わりな青年に対し、今ではすっかり好感を持っていました。なんとか富太郎の思いをかなえようとさっそく動き、話を進めてくれたのです。

寿衛の方でも、たびたび菓子を買いに寄る富太郎を気にかけており、二人は明治二十三（一八九〇）年に結婚します。「こうして恋女房を得たのだから早速そこ（麹町三番町の下宿）を引き揚げて根岸の御院殿跡にあった村岡という人の離れ屋を借り、ここで夫婦差し向かいの愛の巣を営んだ」。富太郎二十九歳、寿衛十八歳のときでした。

図描の進化

『日本植物志図篇』は、矢田部教授や松村助教授にも高く評価されました。特に松村助教授は、「今の日本において、植物図志を著すことのできるのは、牧野富太郎ただ一人である」と、手放しの賛辞を植物学雑誌に投稿しています。「花序、葉、根は充分にその形を写し花、実、雌《し》雄《ゆう》蕊《ずい》などの要部は一々精密に解剖して示してある」として、イギリスのキュー植物園が出版している『ボタニカル・マガジン』にも匹敵するとつづっています。

大学でこの『ボタニカル・マガジン』をはじめとする海外の植物画を見た富太郎の絵は、土佐時代から急激に進化します。第一巻第一集の「ウメバチソウ」は、六年前に佐川で予備図（二十三ページ）が描かれていましたが、線の強弱の使い分けや陰影のつけ方、解剖図や部分図を一枚に収めるレイアウトなど、『日本植物志図篇』の図の方がかなり洗練されています。この科学的な植物図をもって、富太郎は世界の植物学会へデビューしたのです。

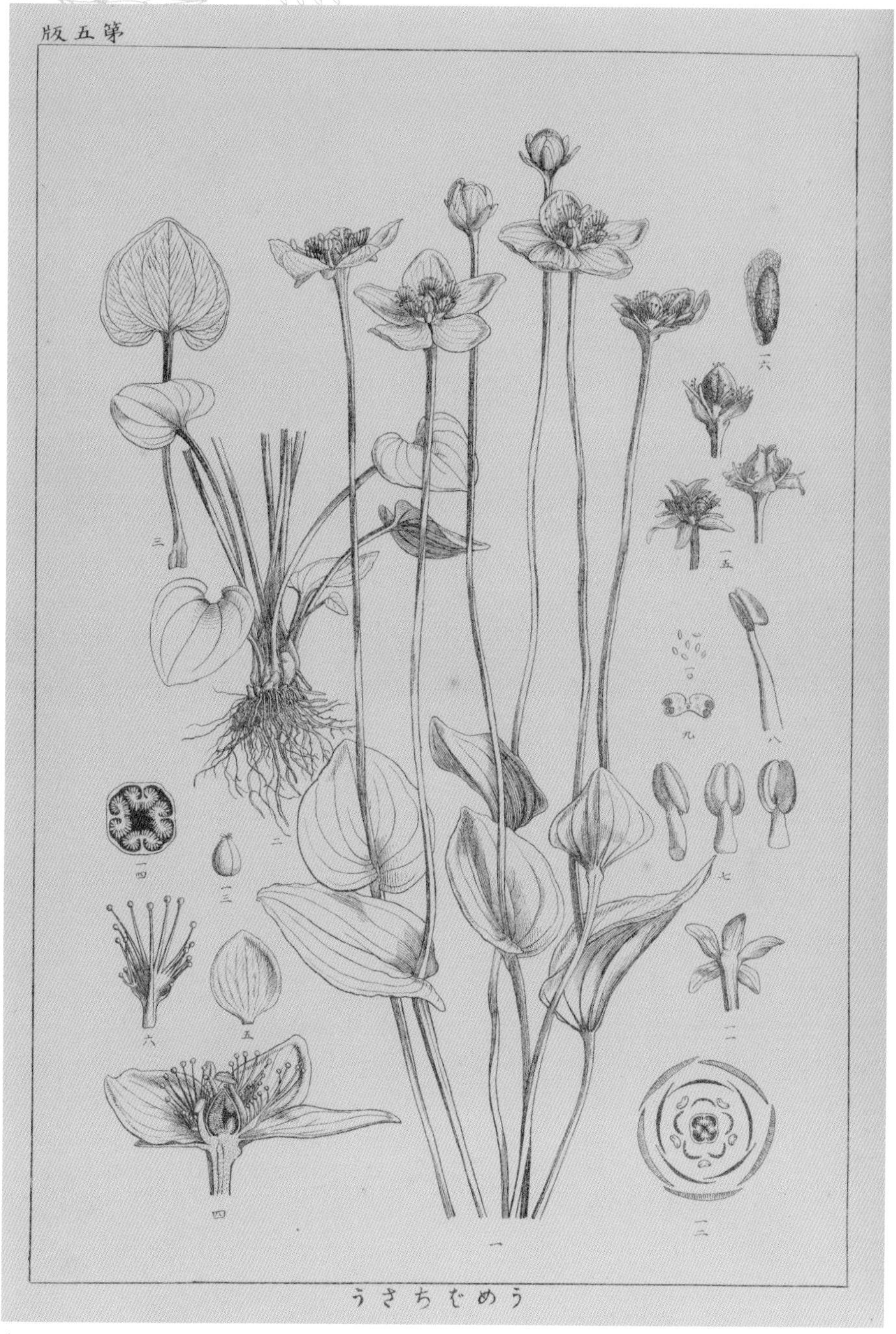

富太郎が描いた、『日本植物志図篇』第1巻第1集第5図版。6は仮雄しべ、7は若い雄しべ。
11ががく。13が子房と柱頭。

ムジナモ

富太郎が描いた、『日本植物志図篇』第1巻第12集第70図版の石版画。6～9が葉で、
葉身が2つに折れて捕虫嚢となる。花や種子の詳細までムジナモの生活史を網羅している。しかし、12集は未刊に終わっている。

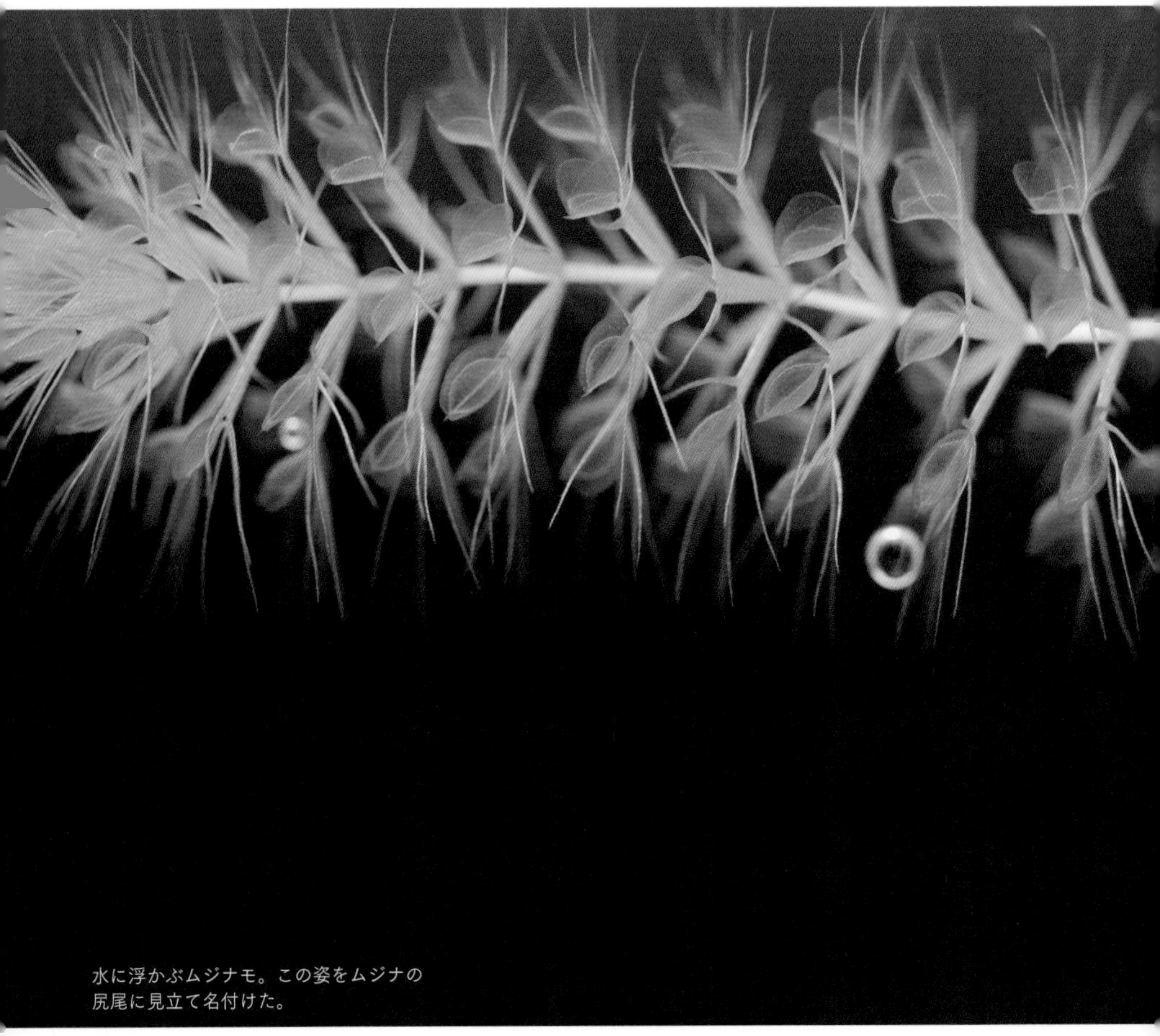

水に浮かぶムジナモ。この姿をムジナの尻尾に見立て名付けた。

用水池に浮かぶ異形の水草

『日本植物志図篇』を次々と出し意気盛んな富太郎が、世界を驚かせる発見をしたのは二十八歳のときでした。時は五月、ヤナギの実の標本をとるために小岩村（東京・小岩）へ出かけた富太郎は、江戸川沿いの田んぼの中の用水池に目を止め、水面をおおうように伸びるヤナギの枝を採集します。ふと下の水面に目をやると、見たことのない異形の植物が水中を浮遊していました。

「『はて、何であろうか』と、早速これをすくい採って見たら、一向に見慣れぬ一つの水草であったので、そうそう東京に戻って、すぐさま大学の植物学教室に持ち行き、同室の人々にこの珍物を見せたところ、みな『これは？』と驚いてしまった」。九十歳を過ぎたのちの随筆で、富太郎は発見の詳細をつづっています。

左／葉は輪生し、葉柄の先にひげ状のとげを出す。捕虫嚢で虫を捕らえている。右／花を見るのはまれ。水面から垂直に立って開き、1日で咲き終わる。

矢田部教授が文献を調べた結果、かのダーウィンも興味をもって調べていたという世界的に有名で、かつ希少な食虫植物であることがわかりました。確認されていた生息地はヨーロッパ、インド、オーストラリアの一部のみで、だれも開花を見たことのない、謎の植物でした。翌年の七月再び小岩村を訪れて花を確認した富太郎は、詳細に図描しようとそれを持ち帰りました。

ムジナモと命名する

ムジナモは根を持たず、水面近くに浮かんで横たわっています。一本の茎が中央にあり、その回りにたくさんの葉を幾層にも輪生させますが、その葉の端には二枚貝のような嚢がついていて、ここで水中のミジンコなどを捕らえて養分としています。光合成も行いますが、虫を捕食して養分とするため、根は全く必要ありません。葉の先には四～五本のひげがあり、全体がもじゃもじゃとして動物の尻尾のように見えること、虫を食べるという特異な生態があることから、富太郎はこの水草を「ムジナモ」と名付けました。

大学の出入りを禁止される

ムジナモの発見に勇躍している富太郎に、突如冷水を浴びさせる出来事がおきます。大学の出入りを許した矢田部教授から、『日本植物志』の出版を止めるか、そうでなければ大学の出入りを遠慮するように宣告されたのです。大学という場を失えば研究が大きく後退することは明ら

ページ右の写真が、明治33年ごろの、神田駿河台のニコライ堂。『日本之名勝』瀬川光之／編より。

かで、富太郎は失意の底へ落とされそうになりながら、必死で許しを請いました。しかし、矢田部教授は決して翻意しませんでした。

矢田部教授は、植物学教室設立当時から自ら日本各地で採集を重ね、標本を増やし、貴重な洋書を取り寄せ、基礎資料を築きあげるのに専心してきました。富太郎は熱心な余り貴重な本を家へ持ち帰ることも多く、設備や標本を使うにも遠慮というものがありません。『日本植物志』は大学の厚意なくして作り得ないものでしたが、教授に礼を執ることもなく独断独力で出版したわけで、齟齬が生じるのは無理もなさそうです。富太郎は人に対して礼儀正しい質でしたが、思うに、学問の土俵上においてはだれかを崇拝して依存することはなく、低く見て軽んじることもなく、完全にフラットな思考だったのではないでしょうか。ともかく富太郎はムジナモ発見の年に、大学から閉め出されてしまったのです。

ロシアへの転身

茫然自失となった富太郎が、かすかな光明として見い出したのがマキシモヴィッチでした。ロシアの植物学者で、富太郎をふくむ東京大学のメンバーとは、標本の鑑定依頼を通じてやりとりが何度もありました。高知新聞ウェブ版に連載中の田中純子氏による「シン・マキノ伝」によると、富太郎がマキシモヴィッチに送った標本の数は数千にもなり、それは今もロシアのコマロフ植物研究所に収蔵されているそうです。東アジアの植物に興味があったマキシモヴィッチは富太郎の送った標本のなかに珍しいものがあると喜んでおり、富太郎が送った図描についても、正確ですばらしいと賞賛の言葉を送ってくれていました。

明治33年ごろの、駒場にあった東京大学農科大学。『東京帝国大学』小川一真／編より。

マキシモヴィッチは幕末に来日して三年余り日本各地で採集しており、その後日本の研究者を通じた資料を合わせ、植物誌としてまとめる大望がありました。自分の標本全てを持ってロシアに行けば、マキシモヴィッチもきっと喜んで迎えてくれるはず。そう考えた富太郎は、神田駿河台のニコライ堂の主教に仲介を頼みます。主教は富太郎の願いを受け止め、ロシアの植物園で職を得て、植物採集と合わせて暮らしを立てていきたい旨をマキシモヴィッチに伝えました。富太郎はロシアでの暮らしを思い描きながら返事を待ちましたが、届いた返事はマキシモヴィッチの娘からのものでした。手紙にはマキシモヴィッチが流行病で急逝したことがつづられており、富太郎はただ悄然とするばかりでした。

池野の友情・農科大学へ

そんな富太郎を見て胸を痛めていたのが、池野成一郎でした。池野は駒場の農科大学で教鞭を執っており、富太郎が駒場で研究ができるように奔走します。

池野の友情に、富太郎は「海南土佐の一男子としておおいにわが意気を見すべし」と奮起、駒場でムジナモを詳細に調べ、緻密な図を描きあげます。矢田部に出版を止めろと言われた『日本植物志図篇』を「ドシドシこの出版を続けることにし、今まで隔月位に出していたのを毎月出す」ことにしました。そして『日本植物志図篇』第一巻十二集用にムジナモ図を準備、二年後に『植物学雑誌』で図と論文を発表したのです。この論文は世界に注目され、植物分類学の権威・ドイツのエングラーによって、花を含めたムジナモ図がドイツの分類学書に転載されました。

ヤマザクラ

朝日に匂う山桜

ヤマザクラは日本に自生するサクラです。赤みがかった褐色の葉が花と一緒に出るのが特徴で、花のかすかな薄紅色が、出たばかりの葉の色でほんのり濃く見えるのが、得も言われぬ美しさです。富太郎はたびたび本居宣長の歌を引いてこれこそ日本の桜の名花であると讃え、魂をこめた『大日本植物志』の巻頭にこの図を置きました。

敷島の大和心をひととはば
朝日ににほふ山桜花

富太郎が描いた、『大日本植物志』第1巻第1集第1図版の石版画。3は花序の中軸、4〜5はその包葉。13〜14は花粉。

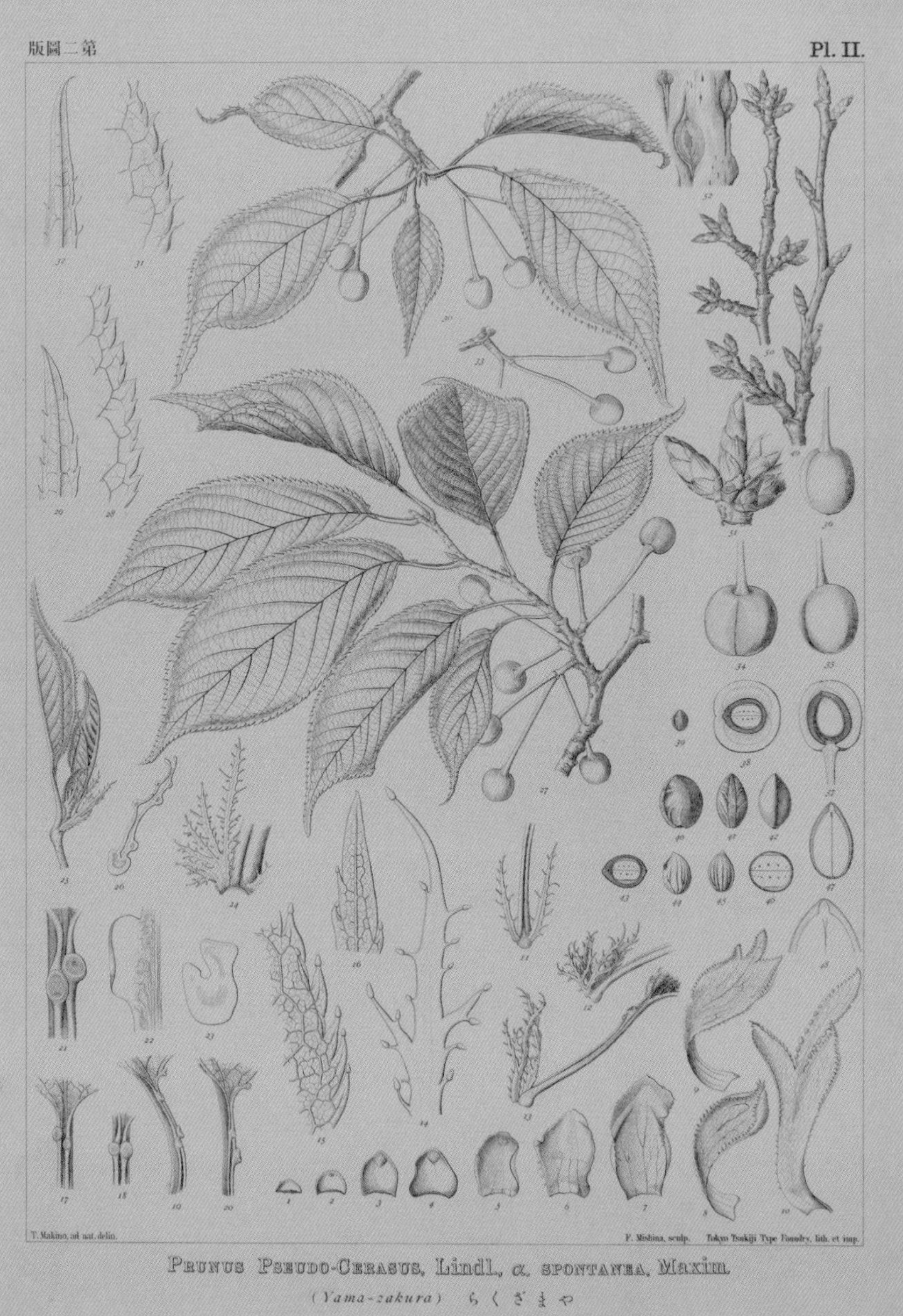

富太郎が描いた、『大日本植物志』第1巻第1集第2図版の石版画。若い葉と成熟した葉、芽の鱗片、果実と種子、小枝の皮目まで網羅されている。

一生を捧げる仕事『大日本植物志』

矢田部教授によって大学の出入りを禁じられた富太郎は、およそ二年後に助手という職を得て大学に戻り、教授になった松村任三の管理する植物学教室で研究に没頭します。この二年の間に岸屋から提供されていた資金が底をつき、『日本植物志図篇』の刊行を途中で断念したものの、植物誌への思いは富太郎の中にどっしりと根付いており、機会があればすぐにでも枝を伸ばし、猛烈に展開する準備ができていました。

『大日本植物志』創刊号の表紙。

富太郎の経済的な困窮が明らかになるにつれ、同郷の法科教授である土方寧などが奔走し、牧野には牧野にしかできない仕事をさせようと、救いの手が差し伸べられました。大学総長の浜尾新は新たに大学で植物志を出版するよう計画し、その仕事に富太郎を任命しました。それが『大日本植物志』でした。富太郎は「この書物について一生を捧げるつもりでいた」と自叙伝の中で述べており、最大の喜びと決意をもって第一巻に着手したのです。

牧野式植物図の完成

この本の図について富太郎が目指したものは、自叙伝に詳述されています。

「第一には日本には、これ位の仕事をする人があるぞという事、その図は極めて詳細正確で世界でもまずこれほどのものがザラにはない事、かつ図中の植物の姿はもとよりその花や果実などの解剖図も極めて精密完全に書く事、その描図の技術は極めて優秀にする事、図版の大きさを大形にする事、その植物図はことごとく皆実物から忠実に写生する事、このようにして日本の植物を極めて精密にかつ実際と違わぬよう表わす事」。

実際にヤマザクラの植物図は、第一版が満開の枝、第二版が実生をつけた枝を中心に、花や葉、実の解剖図や部分の詳細が描かれていて、読者はこの二つの図によって、まるですぐ目の前の枝先を手に取って、桜の一年を見ているような気持ちに導かれます。省略するところは省略し、わずかに葉や花の向きをねじりながら、全てが見やすい角度でおさまっています。色彩のない図でありながら生き生きとした桜の姿が感じられ

牧野博士 こだわりの描画道具

ウィンザー・ニュートン社製水彩絵の具
西洋の植物画に学んだ富太郎は
緑色の絵の具に
こだわっていました。

活かし箱
採集してきた植物をこの箱で元気な姿に
戻してから絵を描いたり標本をつくりました。

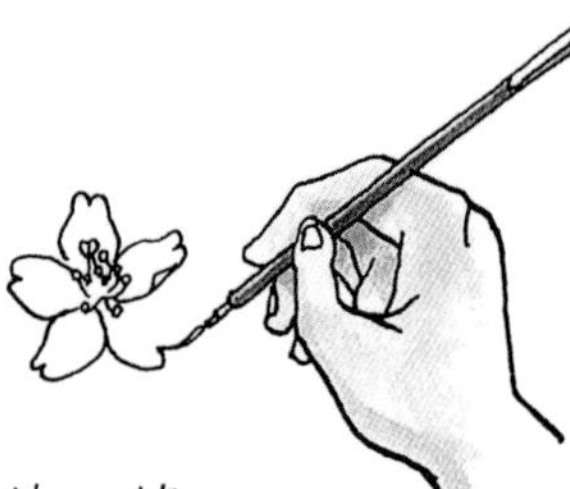

蒔絵筆
活き活きとしたしなやかな線を描くため
京都の村田九郎兵衛がつくる和ねずみの
毛でできたこの筆をとりよせて使いました。

るのは、絶妙につけられた陰影による立体感と、線の強弱を使い分けた質感の表現が成功しているためでしょう。

　科学的であると同時に見飽きない美しさがあるのは、描く対象に向けた愛情によるもので、その点においても他の追随を許しません。富太郎の没後に次女の鶴代によって出版された『精選牧野植物図集』に、富太郎の教えを受けた津山尚が言葉を寄せています。「今、この図に目を凝らすと、見る人へのすさまじいサービス精神を感じとることができる。また、これを描きあげられたときの先生の快心の笑い、『だれもこの自分には一寸かなわないだろう』との自信と充足感が現実のものとして感得できる」。

　富太郎は学生たちに、植物を研究するなら必ず良い絵を描くように繰り返し言いました。「図はなんの文句もなしに後世に残りますよ」と。確かに図は残り、「牧野式植物図」と呼ばれ、今でも人を魅了してやみません。

月給十五円の仕事

　富太郎が大学の助手として大学に戻ったとき、月給は十五円でした。このころの大卒の初任給十八円、職工約十円（ウェブサイト「明治・大正・昭和・平成・令和値段史」参照）を考えると、助手の十五円というのは妥当なのかもしれませんが、一方で国家公務員の初任給が高等文官で五十円であることを考えると、教授はかなり高給取りだろうと想像できます。

富太郎は大学の出入りを禁じられたのち、猛烈に植物図を描き、自費出版で『日本植物志図篇』をドシドシ出していましたが、十一冊出したところで、佐川の岸屋の資金が底をつきました。佐川へ戻ってみれば湯水のように使った自分の研究費のために、岸屋はすでにどうにもならなくなっていました。浪子の死後も富太郎へ送金を続け、富太郎の活躍を支えたのは猶の働きでした。浪子の遺志を受け継いだ責任感と、富太郎への意地もあったかもしれません。富太郎は番頭といとこの猶を一緒にさせて岸屋を譲り、自分は岸屋と決別し、東京で生計を立てる決心をしました。

そのころ大学では矢田部教授が罷免になっており、松村任三が植物学教室の教授となりました。松村教授は富太郎に、助手として雇用するからすぐに戻ってくるよう伝え、富太郎はそれを受け入れて大学に戻りました。富太郎は岸屋の若だんなではなくなり、たくさんの子と妻を持つ一家の主として、金の苦労と闘うことになりました。

三菱が肩代わりする

富太郎と寿衛には十三人の子どもが生まれましたが、七人が亡くなり、成人したのは六人です。家族がどんどん増えるなかで、富太郎は高価な本や画材を欲しいだけ買う習慣を改められず、十五円ではとてもまかなえません。『大日本植物志』を手がける前には、すでに借金がふくらんでいました。

「大学に勤めておれば、またそのうちにはどうにかなるだろうとそれを頼みの綱として、借金をしながら生活したわけであるが、それでとうとうふえてついに二千円ほどの借金ができてしまった」。浜尾総長が『大日本植物志』の仕事を任命したのは、一つには学会のため、もう一つは富太郎の月給を上げてやりたいという目的のためでした。この一大事業を前にして、富太郎の窮状を総長に訴えた土方や同郷の名士たちがさらに奔走、土佐から出た三菱が二千円を肩代わりすることになりました。

肩の荷が下り、「この仕事に生涯を捧げる」と意気込んで始めた『大日本植物志』ですが、結局月給は上がらず、植物志は四冊を出したところで止まってしまいます。この挫折について富太郎は「日本のためにもまた私のためにも甚だ惜しい。これを思うと涙がにじんでくる」と述懐しています。

column
2

サクラ談義

オオシマザクラ。花は大型で径3〜4cｍになり、香りがある。花を多くつけ、白色または微かな紅色が枝上を満たす。

火山島で進化したヤマザクラ オオシマザクラ

　桜をこよなく愛する富太郎が、たびたび取り上げたのがオオシマザクラです。火山として海上に現れた太古のころは草木などなく、やがて風や海流や鳥に送られたヤマザクラの種が根付き、海風にさらされ、海気に当てられ、暑日に照らされ、次第に強くなり、進化したのが今日のオオシマザクラだというのが富太郎の説です。

　ヤマザクラと比較すると枝も葉も実も大きく、樹上に多く大きな花を開く壮大な桜であると評しています。大島にこの桜を大量に植え、「雲のごとくまた霞のごとき桜の花と、燃ゆるがごとくまた降帳《こうちょう》(赤いとばり)のごとき椿の花とで全島を埋め尽くし、東海上の花彩島たらしめたらよいと思う」とつづり、島の誇るべき

ソメイヨシノ。葉に先立って花を開き、枝上を華麗に満たす。近年、エドヒガンとオオシマザクラの雑種が交雑してできたたった1本の親木から増やされた栽培種であることがわかった。

植物と讃えています。

都会を飾る艶麗な桜 ソメイヨシノ

ソメイヨシノの名は、東京駒込染井村の植木屋が吉野桜として売り出したものを、本家・吉野山の桜と紛らわしいので、博物局の植物学者・藤野寄命が「染井」を足した、と富太郎は『子供の科学』に書いています。

ヤマザクラほどの気品はないけれど、「とにかく立派で派手やかで、花が枝に満ちて開く様はとても他の桜の及ばぬ艶麗な姿がある」と讃えています。枝が横に広がる質があり、そこに無数の花が開くと一層見栄えのする姿となり、東京の桜はソメイヨシノばかりだと嘆きながらも、春の東京のように桜に埋め尽くされる街は他にないとつづっています。

カンザクラとヒカンザクラ

カンザクラは「寒桜」で、二月に花が開きます。熱海でよく見られるのは薄紅色のカンザクラで、熱海桜と呼ばれています。ヒカンザクラは「緋寒桜」で、濃い緋色の花を一月から開きます。花は全開せず、釣り鐘型に半開します。

富太郎はこの二種の桜を熱海名物にするよう提案しています。それぞれを千本づつ二列に植え、すると二つの林は一月から花見頃になり、やがて紅白二色の咲き分けとなって大評判。いわく、「ソラ行って花見をせよやと、お客がわれ劣らじと四方八方からワンサワンサと押しかけ来たり、宿屋はたちまちみな満員、桜の林には人だかり、とても同地はにぎわうことであろうと信ずる」。

上／カンザクラ（熱海桜）。2〜3月ごろ、葉の出る前に薄紅色の花を咲かせる。ヒカンザクラとオオシマザクラの雑種と考えられ、暖地に多く栽培される。下／ヒカンザクラ。台湾などの亜熱帯では自生する野生種。釣り鐘状に半開する花は小ぶりで下向き。

薄重大島《うすがさねおおしま》

オオシマザクラが変異したものと考えられ、花弁が六〜八枚からなる半八重咲きで、芳香があります。富太郎が真鶴で発見しました。

真鶴桜

オオシマザクラとマメザクラが自然に交雑したもので、咲き始めは白く、徐々に紅色になるのが特徴です。真鶴の貴船神社で、富太郎が発見しました。

仙台屋

仙台から移住してきた人が高知で仙台屋という店を開き、その庭にあった桜が原木。花の色が濃くて美しいのが評判の桜で、富太郎によって名付けられました。

薄重大島

真鶴桜

仙台屋

佐野桜

稚木の桜

佐野桜

京都の桜守、佐藤藤右衛門が広沢池のヤマザクラから育種したもので、淡い紅色の八重咲きです。富太郎は藤右衛門と親交があり、この桜の名付け親となりました。

稚木《わかき》の桜《さくら》

富太郎が佐川で発見した桜で、原産地は佐川のみとされています。ヤマザクラの栽培品種の一つで、発芽して数年のごく若い稚木に花を咲かせます。ヤマザクラは、通常四メートルを超えるほど生長したのちに花をつけることが多いのですが、稚木の桜はわずか二十～三十センチの大きさで開花します。

二〇〇八年、全国選りすぐりの桜の実生を若田光一宇宙飛行士が宇宙ステーションに運び、ともに八ヶ月を過ごして帰還するというプロジェクト「花伝説・宙へ！」に選ばれ、佐川町の尾川小中学校の児童がＮＡＳＡへ実生を送りました。このとき宇宙へ行った桜は全国十四ヶ所の十四種でしたが、帰還後に発芽したのはごく一部でした。里帰りした稚木の桜は尾川小中学校で大切に育てられ、二〇〇九年、真っ先に佐川の地で発芽して世間を驚かせました。その二年後には花芽をつけ、宇宙桜の中で最初の花を咲かせます。数本育っていた苗木は各地に寄贈され、その地で小さな若木に花を咲かせています。

佐川町・牧野公園の桜

富太郎は明治三十五（一九〇二）年、故郷にソメイヨシノを広めようと、数十本の苗をまとめて送りました。当時の土佐にはソメイヨシノが少なく、その華やかな美しさを土佐の人々に知らせ、桜の名所を作りたいという思いがありました。五台山では竹林寺の庭に、佐川では「奥の土居」に植え、憩いの場になればと思い描いていたのです。

「奥の土居」とは、佐川城跡の東麓藩に藩主・深尾氏が屋敷を構えた場所です。苗木は地元有志によって植えられ、その後大正初期には町内多くの場所にソメイヨシノの苗木が植えられました。大正末期には見頃を迎え、多くの花見客でにぎわうようになりました。

太平洋戦争時代には、食糧増産の開墾地とするために伐採されましたが、昭和三十一（一九五六）年、佐川町の人々によって千本以上の苗木が植えられ、その後町が「奥の土居」の土地を購入、「牧野公園」として整備され、今では桜の名所百選に選ばれるほど、桜の美しい場所になりました。公園では、薄墨桜や仙台屋桜も順次花を咲かせます。

ホテイラン

香気ある紅紫の美花

ホテイランは、本州中部の高山の森に生えるランです。楕円形の根茎の頂から茎を一本、葉を一枚出し、五～六月に花茎を一本伸ばします。葉は縮れが目立ち、表は光沢のある緑色で裏は紫色、花は赤紫色で香りがあり、大変美しい野生ランの一つです。布袋の腹を思わせる唇弁の形から、富太郎が名付けました。生息地が限られているためなかなか実物を見ることができず、富太郎がその目で見たいと、恋い焦がれていたランです。とても稀な花で、絶滅が危惧されています。

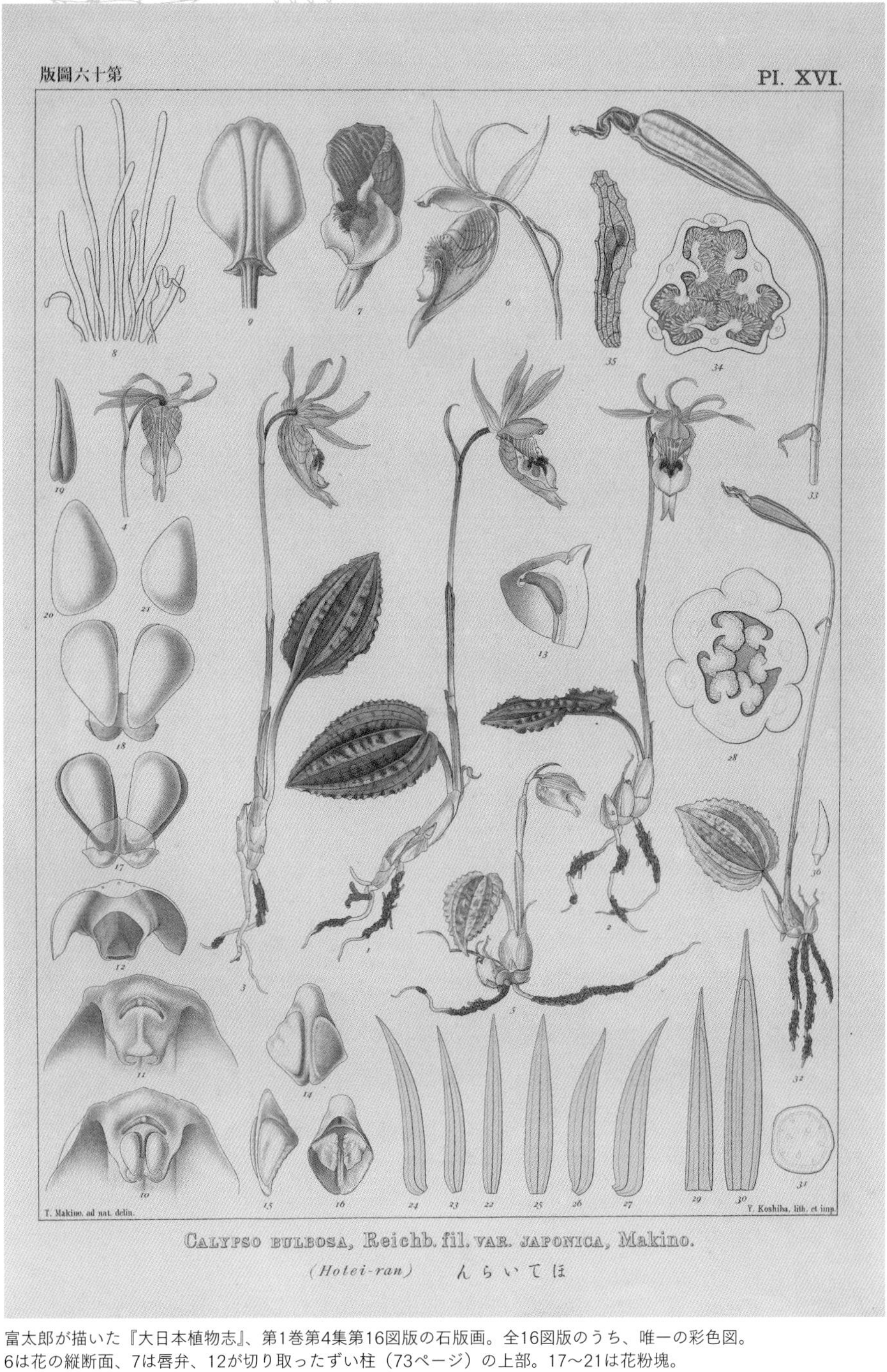

富太郎が描いた『大日本植物志』、第1巻第4集第16図版の石版画。全16図版のうち、唯一の彩色図。
6は花の縦断面、7は唇弁、12が切り取ったずい柱（73ページ）の上部。17〜21は花粉塊。

見たい会いたい、ラン科二種

富太郎は明治四十（一九〇七）年に創刊された『科学世界』で、自ら実物を見たいと切望しているランについて記事を寄せました。

「日本において稀有かつ珍奇なるラン科植物が二つある。この二つのランは自分の知るところ、日本には標本が一つもなく、明治維新以降実物を見た人がいない。維新以前に写生された図があり、欧州の植物学者によって記述されたことがある」。つまり、富太郎も文献でしか見たことのない「幻のラン」で、そのうち一つがムカゴサイシン、もう一つがホテイランです。

ムカゴサイシン

ホテイランについては日本に三点のホテイランの図があり、うち一点は東京巣鴨の「花戸内山」が作った蘭図にあり、一点は飯沼慾斎が描いたもの、もう一点は「富山侯」の図譜中にあり、日本で採集された実物を写生したものだと詳細を述べています。「花戸内山」とは、江戸末期の有名な駒込の植木職人・内山長太郎です。江戸時代の植木職人は腕のいい研究の相方として本草学者とも交流があり、内山もその一人でした。「富山侯」とは、富山藩主・前田利保で、本草学に造詣が深い博物学者として知られ、「赭鞭会《しゃべん》」という本草学の会を主催していました。内山は富山侯のご贔屓《ひいき》で、親しい交流があったと推察されます。

ムカゴサイシンは飯沼慾斎の『草木図譜』の図や植物園に収蔵されていた別の図を目にしており、富太郎はこの図をもとに『植物学雑誌』第十六巻で学名をつけ、発表しています。和名は、地下にむかごのようなものができること、葉が細いことからつけました。

富太郎は記事の最後で、記事を読んだ読者が実物を探して報告を寄せるのを心待ちにしていると記し、その全文に黒々と傍点をつけて強調、さらに実物を採集し、出版社に知らせた人には謝礼を贈呈すると注記も加えました。

その後富太郎の元にはホテイランの生きた標本が複数届けられ、富太郎は満を持して大日本植物志で発表します。「シン・マキノ伝」によると、ムカゴサイシンには、その後昆虫学者の矢野宗幹《むねもと》によって出会うことができ、「死んだ子に出会いしほどの嬉しかなの一句が口をついて出た」とその感激を語ったそうです。

チョウノスケソウ。中部以北の高山に生え、枝分かれしながら匍匐する。雌しべは花後長く伸びて羽毛状となる。

マキシモヴィッチの助手・須川長之助

珍奇なるランを記述した「欧州の植物学者」とはマキシモヴィッチのことです。維新前に来日して助手に採集させた中にホテイランの標本がありましたが、全てロシアの博物館に収められ、マキシモヴィッチは学名をつけたところで急逝、未発表のままとなっていました。助手というのは岩手出身の農民・須川長之助です。十二歳で奉公に出されたのち、北海道で職を転々とする中、マキシモヴィッチの清掃員兼風呂番として雇われ、やがて信頼を得てマキシモヴィッチが帰国するまでの三年余り、採集旅行に同行して標本作製に貢献しました。高山植物「チョウノスケソウ」は、長之助が最初の発見者であり、その働きを顕彰するために富太郎がつけた和名です。

コオロギラン。草丈は3〜10cm、杉林の下などに咲く。

針葉樹林に咲く・コオロギラン

このランは、富太郎が明治二十二年に横倉山で発見したものです。針葉樹のほの暗い林で休んでいるとき、ふと脇に目をやって偶然目に入ったのがコオロギランで、「や、面白いものがあったと叫ぶや、どれどれとて同行の人々集まり、我も我もと探し回りて数株を採集した」。このときの標本と植物図をマキシモヴィッチに送ったところ、次のような返事がありました。

「あなたの分析は素晴らしい。私も花のつぼみを一つ解剖しましたが、すべてあなたの図描した通りでした」（『牧野富太郎通信　知られざる実像』松岡司）。富太郎はマキシモヴィッチのあとを引き継ぎ、和名をつけて『日本植物志図篇』に発表しました。

ヒメトケンラン。草丈は30cmほど、暗い林の中で鮮やかな黄色が映える。

島に咲く幻のラン・ヒメトケンラン

ホテイラン、ムカゴサイシンに続いて、富太郎が『科学世界』で実物を見たことがないと記したのがヒメトケンランです。関根雲停という絵師の写生した原図があるだけで、花の詳細がわからず、種名はもちろん属名すら判然としないものだとつづり、八丈島産であり、ほかの伊豆七島にもあるかもしれないと期待を述べています。

ヒメトケンランは伊豆七島、四国、九州、沖縄に分布し、暗い林床で花を咲かせます。根元に一枚出る葉に斑点模様があり、それをホトトギス（杜鵑）の腹部にある斑紋にたとえてつけられた和名です。姿の似たトケンランというランもありますが、別属です。

column 3

ラン談義

サギソウ。日当たりの良い低地の湿地に生え1本の花茎を伸ばし、8月に1〜4つの花を咲かせる。3つに裂けた純白の唇弁が左右の先端で細かく切れ込み、鷺を思わせる形となる。

進化した造花の妙

ランは日本に二三〇ほどの種があり、高山から平野まで広く分布、日陰を好むもの、日光を好むもの、地面から生えるもの、岩や木に着生するものなど、生活域や生態も多岐にわたり、姿形の多様性も群を抜いています。富太郎は「日本のランは熱帯のランのように派手ではないが、優雅なものがいろいろある」と言い、多くのランを発見、名付け親となりました。

富太郎はランの花について、かなり進化した高等なもので、形や構造が普通の花とかなり異なると説明しています。ランの花は、一般に三枚の外花被（がく）と三枚の内花被（花弁）でできています。三枚の花びらのうち、中央の花びらを唇弁といい、左右の二枚から著しく変化しています。外花被は三枚のがく片から成り、

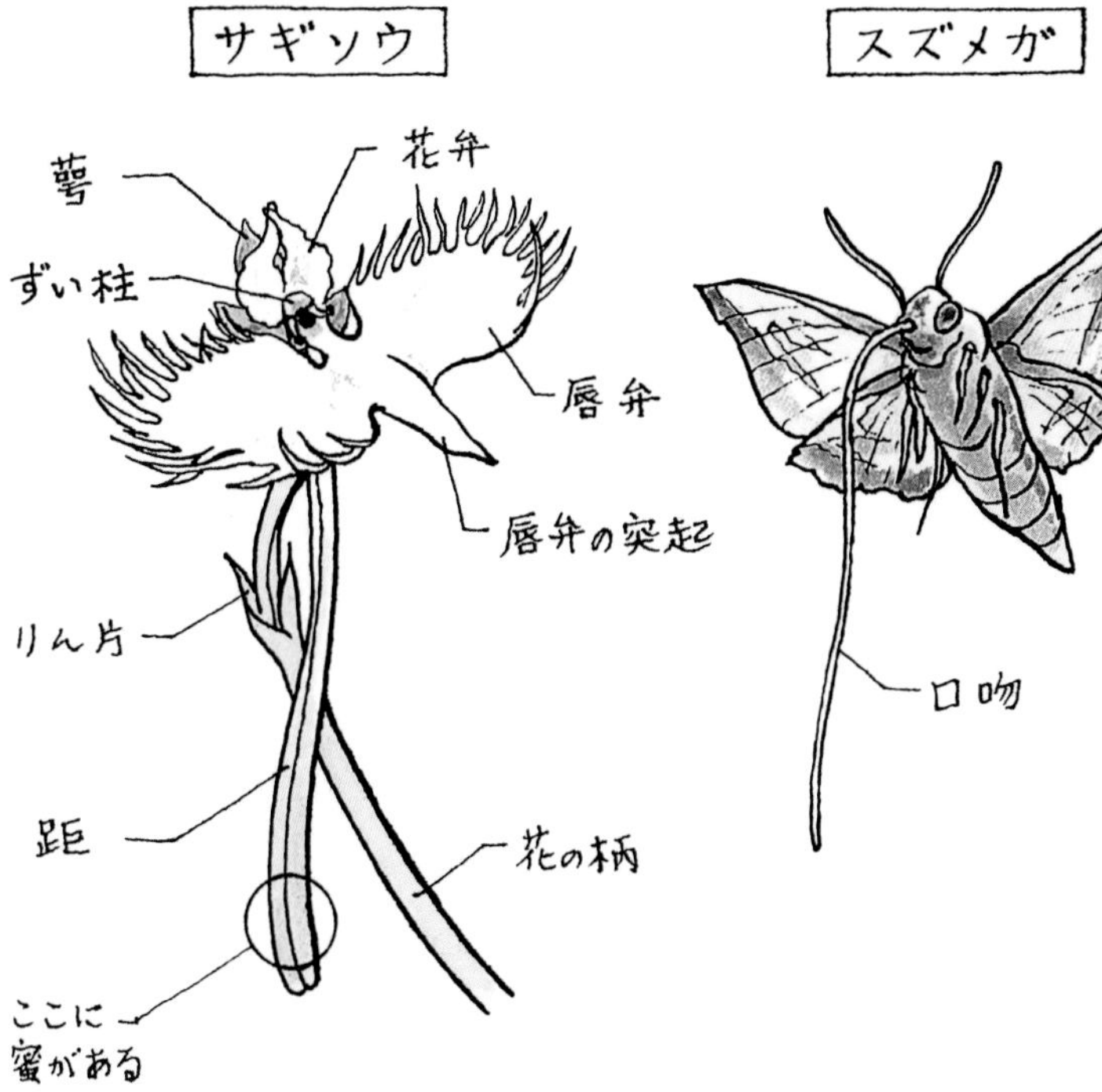

美しい色彩をもつものも多く、下の二枚がくっついて一枚になっている種もあります。

唇弁の中央にあるのが、雌しべと雄しべが一体になった「ずい柱」です。ずい柱はラン科の際だった特徴で、頂にある葯の中で花粉はひと塊にまとまっており、ネバネバした粘液がついています。ランの多くは虫媒花で、虫を香りや色で誘い込み、粘液で花粉塊を虫に付着させる仕組みとなっています。

富太郎は「ランの花と昆虫との関係を見ていると、造花の妙ということを感ぜざるを得ない」と述べています。例えばサギソウの距は、主な媒介者であるスズメガの口吻に合った長さと形ですが、翼のような切れ込みも、スズメガの止まりやすい構造であることが、最近明らかになりました。

カンラン。やや乾いた山地の林に生える。葉の縁にシュンランのような、粗いざらつきがない。鑑賞のために多く栽培され、育種が進んでいる。

カンランとシュンラン

カンランは、富太郎によって新種の記載がされたランです。土佐の山に自生しているランの中で、カンランとシュンランはどちらも常緑で、花のない葉だけの時期の姿がよく似ています。少年時代、富太郎はカンランを探してたびたび山に入りました。

「その時たまたま一株を見つけ、その葉の縁多少ざらついてはいたが葉面が滑らかで、どうもカンランらしいので早速採って帰りこれを鉢に植え、ある老人に見せて鑑定を乞うたところ『こりゃーようしたらカンランかもしれん』と言われた」。この株は冬に花茎が立って花が咲き、正真正銘のカンランであることがわかっておおいに喜んだと記しています。

カンランは紀伊半島以南の常緑広葉樹林に生え、冬の寒い時期に咲く

シュンラン。やや乾いた山地の林に生える。葉の縁にざらつきがある。鑑賞のために多く栽培されている。

ので、富太郎によって「寒蘭」と名付けられました。富太郎によると「幽雅なる清香を放つ」花で、咲いていると香りでその存在がわかるそうです。シュンランも同じような生活域で見られますが、シュンランの花は早春に開きます。葉だけの株で二種を区別するときは、富太郎がやったように葉の縁を指で軽くしごき、はっきりとザラザラしていたらシュンラン、そうでなければカンランです。

　シュンランの和名「ほくろ」は、唇弁の大きな斑紋から名付けられました。シュンランの花は、ミツバチやアゲハチョウが吸蜜に来ると、頭や口吻に花粉塊がくっつく構造になっています。アゲハチョウが口吻にいくつも花粉塊をつけたまま飛んでいることがあると、富太郎はつづっています。

本州中部、関東北部の亜高山帯の草地に生える。7～8月ごろに4～10の赤紫色の美しい花をつける。

本州中部以南の、暖地の岩面や樹皮に着生する常緑のラン。節の多い茎が匍匐し、長い根を出して付着する。葉は針のように細く、多肉。

女峰山の女王・ニョホウチドリ

ニョホウチドリは、最初の発見地である日光の女峰山の名前にちなんで、富太郎が命名しました。学名は、発見者である城和馬と五百城文哉《いおきぶんさい》を記念し、*Orchis Joo-Iokiana Makino* としました。

城和馬と五百城文哉は高山植物の愛好家で作る「山草会」のメンバーで、富太郎の日光の採集にたびたび同行しています。

岩や木に匍匐するラン・ムカデラン

岩や木の幹に着生するランで、富太郎が吾川郡吾川村(現在の仁淀町)の仁淀川沿いの岩で発見、新種として発表しました。多くの葉が左右に分かれて並ぶ様子をムカデの足に見立てた和名です。初夏に赤紫色に白い唇弁をもつ、直径八ミリほどの花を咲かせます。自生地が各地に点在していますが、場所によっては、木や石をおおい尽くすほど繁茂します。

緑色の粒をつけるラン・ムギラン

富太郎が『日本植物志図篇』第二

十版で発表したランです。樹木や岩に張り付いて育つ着生ランで、本州〜九州でよく見られる普通種です。栄養を蓄える偽球茎が麦の粒のように見えることから名付けられました。富太郎は、自分が描いたものはごく普通に見られるものであるが、飯沼慾斎の描いたものは変種、むしろ別の種ではないかと思われ、詳細に検定していきたいと書いています。のちに富太郎は飯沼慾斎の描いたものを「ミヤマムギラン」として発表しました。

瓔珞《ようらく》の花をつける ラン・ヨウラクラン

ヨウラクランは富太郎が『日本植物志』第四十一版で発表したランです。樹木の幹に着生し、分厚い葉を多く持ち、茎はその中に抱かれています。五月、茎の頂から細長い花穂を垂らし、そこにたくさんの小さな花が開きます。花は直径一ミリほどで極めて小さいのですが、富太郎は詳細に花の構造を描きました。花穂の垂れ下がる様子を瓔珞に見立て、つけた名前です。葉が扇型に広がるので檜扇蘭、楓のように掌状に葉が開くことから紅葉蘭という別名もあります。

暖地の林や岩に、しばしば群をなして着生する常緑のラン。夏に、直径4㎜ほどの白い花を咲かせる。

暖地の樹木の幹、岩上に着生する常緑のラン。宮城県以南の本州から沖縄まで分布。赤褐色の花が無数に輪生する。

牧野植物園で毎年11月に開催されている「寒蘭展」。寒蘭の香りがただよう中、歴史的な銘花から人気の品種までずらりと並ぶ。いずれも土佐愛蘭会など、県内の愛蘭会会員が栽培したランで、品評会も行われる。

中国春蘭の銘花、宋梅なども展示される。

土佐寒蘭センター

多様なラン科を育む土佐

富太郎が土佐で発見し、発表した植物の中には、ラン科植物が多く含まれます。土佐は野生ランが多いところで、一二〇種ほどが確認されています(「高知県植物誌」二〇〇九年)。日本で現在確認されている野生ランが二三〇種程度とされることを考えると、土佐で見られるラン科植物の多様性は、かなりのものと言えるでしょう。地形や地質が変化に富んでいること、あまり開発されずに自然が残っている地域も多いことなど、様々な要因が複合して「蘭の国」を生み出しているのでしょう。

市街地の街路樹にも着生ランが育っていますし、高知城や桂浜にも見られるそうです。そんな土佐が生んだ自慢のラン科植物が、土佐寒蘭です。

土佐寒蘭の保護と育種

カンランの生息には適度な湿度や温度、適度な日照と風通しなどが必要で、自生地は限られています。葉姿を楽しむラン科植物として人気があるため乱獲が進み、現在は自然の状態で咲いているカンランを見るのは稀です。そのため、個人による土佐愛蘭会や県立土佐寒蘭センターが創立され、保護と育種に努めてきました。現在土佐寒蘭センターは牧野植物園内にあり、研究と活動が継続されています。

寒蘭は粉のような極小の種子が地面に落ち、共生菌に出会って栄養を獲得し、地中で根茎を伸ばしながら生長します。人工交配で新種を作るには気の遠くなるような時間と手間がかかりますが、一三〇〇におよぶ品種の開発に成功しています。

東京植物同好会

スダジイの下の陽気な姿 ヤッコソウ

明治四十（一九〇五）年、富太郎のもとに見たことのない植物が送られてきました。それはシイの木の根に寄生する植物で、高知で採集されたものでした。あまりにも珍しいので『植物学雑誌』で速報を出し、さらに多くの生体標本を待って検分し、四年がかりで発表がかないました。晩秋に落ち葉の中から白い花を開く様子は、小さなやっこさんが集まって腕を広げているようで、富太郎はヤッコソウと名付けました。

この年、富太郎は東京植物同好会を立ち上げます。全国に牧野門下生が誕生するスタートとなりました。

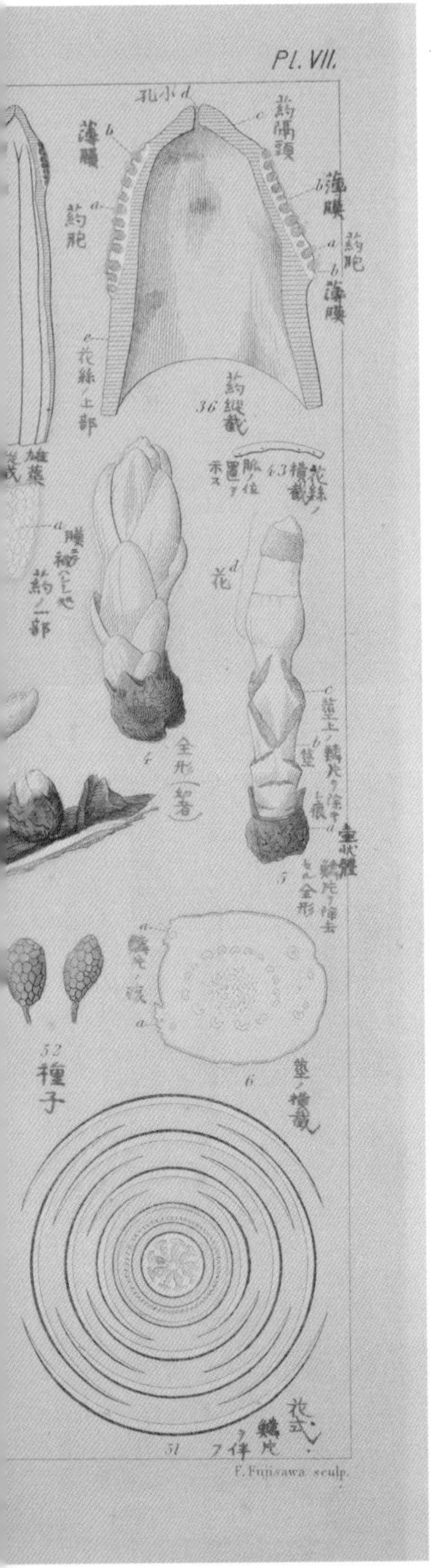

富太郎が描いた『植物学雑誌』第25巻299号第7図版。29が花、31が雌しべ、42が雄しべの断面。

東京植物同好会宣言

山野ならびに田んぼ庭園などの植物の名前を知らんとする人々は来たれ

各種の植物についての話を聞かんとする人々は来たれ

植物に趣味をもつ人々または深くその趣味を味わんとする人々は来たれ

薬用植物、有毒植物、工業用植物、食用植物、高山植物などについて知らんとする人々は来たれ

植物分類上の知識を得んとする人々は来たれ

植物趣味をもつ人々はだれでも来たれ

植物学の知識は学者だけではなく、市井の人々に広く公開するべきで、それによって多くの在野研究者が誕生すれば、日本の植物学の興隆におおいに役立つ。そう考えた富太郎は、植物学の成果を象牙の塔から解放するために、自らが指導するアマチュア植物愛好家の会を立ち上げました。宣言文は設立から十五年後に、さらに会員を募るために『植物研究雑誌』に掲載したものです。

「男でも女でも老人でも小児でもだれでも」参加でき、月一回日曜日の採集会では「手当たり次第に植物を採集してその名前をたずねその話を聞きて、各自に植物の知識を増やし、かつその趣味を味わう」のです。明治四十四（一九一一）年のことでした。この二年前、横浜植物会を立ち上げていましたが、兄弟のような二つの会はやがて一緒に活動するようになりました。

採集会は毎回五十人ほどの参加があり、大学教授や学校の教員、家庭の主婦や小学生の子どもなど、募集要項通りの多彩な顔ぶれで、ただ一つ共通しているのは、みな肩から胴乱を下げていることでした。採集会のある日には、富太郎の自宅前まで世話役がやってきて、胴乱を太鼓のようにボコボコと叩きながら「先生、お時間ですよ！」と呼ぶのが決まり事でした。富太郎がようやく現れると、みな一様に羊のように師について動き出し、採集会が始まるのでした。

「ほい来たサッサと教えてやろう」

「先生、これは何ですか？」「これはネバリタデ。そら、この通りねば

同好会の富士山採集でのひとコマで、みんなでカラマツに登って記念撮影。
下から四人目が富太郎。

るだろう」。胴乱の一行は、植物を数種とっては名前をたずね、富太郎は即座に答えます。質問には全て誠実に答えるのが、富太郎のモットーでした。富太郎の回りは常に人だかりで、一行の歩みはたいてい遅々として進みませんでした。

富太郎いわく「指導者というものは、『今はわからないが調べておく』とか、『花がないからわからない』と言ってその場を逃げる人では、とても務まらない。聞かれたらとっさにわかり、詳しい説明ができる人でなければ務まらない」。そして「当時は、私が唯一の指導者でした」と言い切っています。

学者面をして知識の出し惜しみをするのは「誠に嫌い」で、「我が知っていることは何でも否まずにほい来たサッサと教えてやり、我が知識を人に分かつことは何の屁とも思っていない」。格調高い解説は、土佐訛りのあるユーモアたっぷりの牧野節によって語られ、参加者たちはおおいに魅了されました。

左／ヒメジョオン。ハルジオンの少しあとに咲く。右／スイバ。春の終わりに赤い花序を立てる。雄株と雌株がある。

細工したヒメジョオンに、にっこり

東京植物同好会は「牧野植物同好会」と名前を改めて現在も活動し、八十周年記念誌には多くの会員が富太郎の思い出を寄せました。

小学校入学前から富太郎の薫陶を受けた少年は「どうにかして先生を困らせようと、ヒメジョオンの花やスイバの葉を一生懸命にピンセットやはさみで『加工』しては持ち込んだ。ニコッとした先生がもっともらしく、匂いをかいだりルーペでのぞいたりしてくれたことが、うれしくてたまらなかった」。採集会には子どもも参加していましたが、富太郎は子どもたちのどんな質問にも、ていねいに答えるのが常でした。この少年は、その後大学で植物学を学び、環境ジャーナリストとして国際的に活躍しています。

「ヘイリンジザサ」が「ヒザオリザサ」になった顛末

昭和五年の武蔵野の採集会では、朝霞の膝折宿を過ぎて、禅宗の古刹である平林寺まで歩みを進め、昼食の休憩を取りました。当時ササの分類に熱中していた富太郎は、境内でササの新種を発見。たいそうご満悦で、昼食後に鐘楼に登って声高々と発表しました。「この新種のササを、ヘイリンジザサと命名する」。感極まった富太郎は、そこで鐘を大きくゴーンとついたのです。

その日は多くの雲水が修行中で、点鐘は日課の区切りを知らせるための、重要かつ厳密なものでした。富太郎の鐘を聞きつけた寺のものたちはとたんに鐘楼に駆けつけ、一行を取り囲んで一喝する騒ぎとなりました。その後事情を説明して事なきを得ましたが、腹のおさまらない富太郎は再び鐘楼に登り宣言したのです。「ヘイリンジザサの名を取り消し、ヒザオリザサ *Sasa hizaoriensis Makino* と命名する」。かくして平林寺で発見されたササは、ヒザオリザサとして記録されました。

主治医が見た植物愛

　富太郎の最後の八年間を診た主治医も、同好会の会員でした。月に一度健康状態の確認のために診察しましたが、そんな折に言われたことが心に残っていると文章を寄せました。「採集では標本をとるが、後になってそれより良い標本が見つかったときは、先の標本は土に植え直すのだ。生命があるからね」。

　富太郎は、植物が好きになってから虫一匹も殺さないようになったといいます。標本についてきたどんな小さな虫でも決して殺してしまう気にはなれないし、廊下をはっているアリ一匹でも踏みつぶしたことはない。小さな虫を家の中で見つけると、いつもそっと縁側の外に放してやり、放した虫の行く末を思う。この虫はいったいどうなるだろうかと。

　主治医の文章によれば、健康診断に訪れると、富太郎はたいてい和机の上で標本整理をしていたそうです。富太郎にとって、標本を整理して眺めるのはかけがえのない至福の時で、大切で平和なひとときでした。『牧野富太郎植物記』（中村浩・編　あかね書房）で次のように述べています。

「普通の人にはつまらぬ枯草の山のように見えるかもしれませんが、私にとっては日本全国をくまなく歩いて採集した苦心の作品で、私にとっては思い出のたねであり、努力の結晶であり、なにものにもかえがたい宝物なのです。私はこの標本をながめて、その植物を採集した当時のことを思い出したり、その植物について得た数々の知識をかみしめて味わうのを楽しみにしています。こんな幸せがそうざらにあるでしょうか」。

右／シロバナノヘビイチゴ。5〜7月に花を咲かせ、果実は食べられる。左／ナナカマドの花。花の後に多くの実ができて、秋には葉とともに深紅に染まる。

ナナカマドあの枝この枝とりつくす

採集会は会員の指導をするだけではなく、富太郎にとっても「採集会」でした。気になる植物を見つけると、やおら座り込んで採集が始まり、そうなると途端にその後の道行きが怪しくなるのです。

富士山の須走へ採集に行ったときの話です。富士山は植物分布帯の分布が規則正しく並んでいるので、観察のために非常に良いと、富太郎は常々語っており、幾度となく富士山を訪れています。季節は五月の末、植物が旺盛に枝葉を伸ばし、花を咲かせていました。このときの富太郎の採集品はシロバナノヘビイチゴとナナカマド。どちらも花盛りの折、富太郎はより良い花を求めて、あちらこちらに目を走らせ、次から次へとはさみを入れては枝を切り、根掘りを差しては株を掘りとります。

胴乱に入りきらないので新聞紙にはさむのですが、それに時間がかかります。シロバナノヘビイチゴの株をどうにか新聞紙にはさみ終えると、「ちょっとひとやすみ」。須走の砂地の上に体を横たえて眠り始めてしまいます。最終列車の時間があるので、幹事は気が気ではなく、声をかけてなんとか起きてもらい、ようやく歩き出したところで「お、あの枝」。またナナカマドにつかまってしまいます。

結局、最終列車を車掌に停めて待ってもらって、ようやく乗車することができました。このとき詠んだのが次の一首でした。

ナナカマド　あの枝この枝とりつくす　富士の裾野採集行く

このように、採集会の遠出はどこか珍道中になりがちでしたが、採集地までの行き帰り、列車の中での講

義は忘れることのできない貴重な時間だったと、参加者はつづっています。

ムジナモ発見の地で昼寝する

同好会記念誌によると、「牧野先生は自己規制の弱い方」。たいそうなマイペースで、参加者が振り回されることも多かったようです。

昭和十八年九月の採集会の話です。富太郎は八十二歳になっていましたが、蝶ネクタイをしめて大変元気で、その様子は神秘的でさえあったとか。この日の目的は江戸川堤をたずね、富太郎がムジナモを発見した地を見学し、講話を聞くのが目的でした。小岩の駅に集まった参加者は百人を超していましたが、みな一様に胴乱を肩から下げているのが、同好会のいつもの風景でした。

発見の地のあたりで講話を聞くと再び採集が始まりましたが、百人の大所帯では列も長く伸びて切れ切れになりがちです。先頭の参加者はどんどん歩みを進めて、渡し船の乗船場で富太郎を待ちました。後続もどんどん到着しますが、待てど暮らせど、富太郎がやってきません。何かあったのかと引き返してみると、富太郎はなんと、胴乱を枕に土手の野原で昼寝の真っ最中だったのです。あきれたような、安心したような、ため息のような声が一斉に参加者からもれると、富太郎は目を覚まし、そしてやおら、傍らのアカザに目を止め、「素晴らしいアカザだ」と言いながら採集を再開しました。

その後乗船場まで来ると、渡し船で対岸に渡るのを、富太郎は断固として拒否。幹事二人とともに引き返し、大変な遠回りをして帰路につきました。富太郎は大の船嫌いだったことがのちほど明かされたそうです。

ノジギク

野路に咲く日本の菊

ノジギクは近畿地方から西の海に近い場所で見られます。地下茎を伸ばして茎は斜めに立ち上がり、その先で小枝に分かれていくつもの花を咲かせます。変異の大きな種で、黄色い花を咲かせるものもあります。命名したのは富太郎で、日本の家菊（栽培されている園芸品種）の原種である可能性にたびたび言及。富太郎はノジギクが中国の海岸に伝わり、同地の園芸家が多くの種を作り出したと考えていましたが、現在その可能性は否定されています。

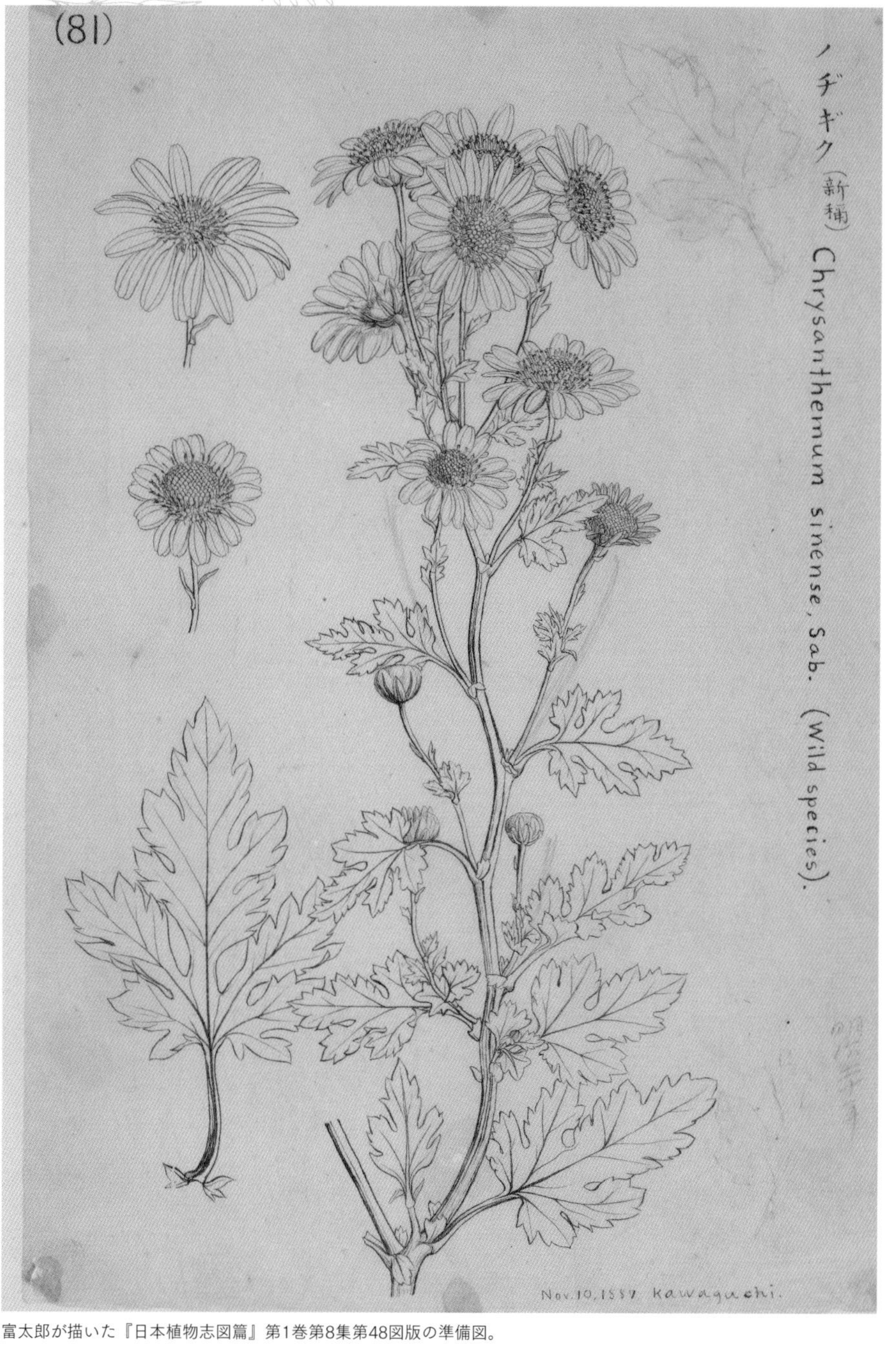

富太郎が描いた『日本植物志図篇』第1巻第8集第48図版の準備図。

久住山に咲く、ミヤマキリシマの群落。富太郎はたびたび九州も訪れ、ミヤマキリシマの和名をつけた。

理学部講師として再雇用

『大日本植物志』に力を注ぐ一方で、『植物学雑誌』へも次々と研究成果を発表する。このころの富太郎は実に精力的に働き、華々しい活躍を見せていました。するとそこへ、またもや横やりが入ります。失意の富太郎を助手として採用してくれた松村教授が、少し自重するようにと伝えてきたのです。南海土佐の男子たる富太郎は、「別に教授を受けた師弟の関係があるわけではないし、氏に気兼ねをする必要を感じなかったばかりでなく、情実で学問の進歩を抑える理屈はない」と、ドシドシ発表を続けました。これが松村教授の忌《き》諱《き》に触れ、双方の間には修復できない溝が生まれていきました。

結果、『大日本植物志』は中途四冊で途切れ、上がる約束だった月給はあまり上がらず、学長が変わったのを契機に、富太郎はついに大学を罷免されてしまいます。ところが学内には富太郎を援護する者たちもいて、学長に声を上げて訴えます。「牧野を辞めさせることはない。そんなことをしては、教室が不自由で困る」。

かくして富太郎は二年後に、今度は「講師」となって大学に戻り、月給は三十円になりました。

指導と採集に全国を飛び回る

罷免になっていた二年の間に、富太郎は東京植物同好会を立ち上げています。呼ばれれば全国どこへでも飛んでいき、あらゆる人々を教えることに熱心でした。交通費の出る講習会は富太郎にとって絶好の採集の機会で、断る理由などなかったのです。それは大学に戻ってからも変わらず、富太郎はあまり大学にいなかったといいます。こうして富太郎は、全国にアマチュア研究家のネットワークを構築していきました。

年収八十三年分の借金

富太郎が飛び回るほど標本は増え、借家を物理的に圧迫します。研究をすればするほど本が一層欲しくなり、一家を経済的に圧迫します。子どもが生まれては病気にかかり、家計の収支は悪化の一途をたどり、またもや借金がふくらみ始めます。日々の食事や服などはつつましいものでしたが、家にはどうしても標本室と図書の部屋が必要で、借金をしつつ大きな家に住むという、どうにもちぐはぐな状況でした。

大学からの月給は家賃くらいしかないのに、あんなに大きな家にいるのは贅沢だと言われることもしばしばで、実際富太郎はたびたび家賃滞納で家を追われ、止むに止まれぬ引っ越しを繰り返していました。富太郎一家の引っ越しに学生がかり出されることも多く、富太郎の困窮は大学にも知れ渡っていました。

このころを振り返り、富太郎は「右手で学問と、左手で貧乏と闘っていた」と述べています。『大日本植物志』を始めるときに三菱に清算してもらった借金は、あっという間に増えていき、十五～六年の間に三万円という額までふくらんでいました。月給三十円、年収三六〇円ですので、八十三年分の借金ということになります。大正五（一九一六）年、富太郎は「ほとんど絶体絶命となってしまった」のです。

神戸の若き篤志家

ここまで来て、富太郎は人生最大の決心をします。土佐時代から積み上げてきた標本を海外の研究所に売却して、まとまった金額を得よう。どんなに苦しくても手放さなかった標本は、このときすでに三十万点ほどになっていました。

このころの富太郎の困窮具合はすさまじく、差し押さえは書籍や文献にまで及ぼうとしており、研究が続けられない恐れが現実のものとなりつつありました。富太郎の標本の価値を知っている人であれば、その決意がどれほど悲痛なものか、胸に迫ります。農学士の渡辺忠吾も、その一人でした。渡辺はときおり東京の新聞に記事を寄せており、富太郎の決意を聞いて愕然とし、すぐさま新聞紙上で訴えました。

「かくのごとき篤学者を困窮の中において顧みず、国家的文化資料が海外に出されるようなことがあれば国辱である」。

東京の記事に対し、大阪もすぐに反応して記事を取り上げ、富太郎の困窮具合は東西に広く知れ渡ることとなりました。そしてすぐさま、二

神戸の池長植物研究所に運び込まれた標本の山と、その奥にたたずむ富太郎。

人の篤志家が現れます。一人は実業家、もう一人は二十歳の学生・池長孟《はじめ》でした。

池長は京都大学法科の学生で、父の遺産を受け継いでおり、その中から三万円を出して富太郎の標本を自分が買い取ると申し出ました。そして、買い取った標本を改めて富太郎に寄贈するというのです。池長青年は、研究者の生活困窮のために、学術的に貴重な標本が海外へ渡るなどということは、あってはならないと考えました。日本が欧米と肩を並べる文明国であるならば、それは恥辱であり、国家的な損失であると義憤にかられたのです。

話し合いの結果、池長の父の建物である神戸の池長会館に標本を保管することになりました。さらにそこを「池長植物研究所」と名付け、富太郎は月に一度神戸を訪れ、そこで標本整理をしながら、池長主催の会で講話などをすることになりました。義侠心にあつい池長は、そのための研究費を毎月いくらか援助すると申し出て、それはしばらく続けられました。

日笠山に咲くノジギク。

富太郎と神戸
ノジギクの大群落を発見

こうして富太郎はたびたび神戸を訪れることになりました。月に一回開催される富太郎の講話会には関西の植物愛好家が多数集まり、神戸を中心に植物趣味が盛り上がり始めます。富太郎はあちこちの学校へ呼ばれて話をし、採集会が頻繁に行われるようになり、熱心な富太郎ファンも現れました。神戸で西村旅館を経営していた西村もその一人で、この旅館は富太郎の定宿となり、大好物の神戸牛でもてなしました。

あるとき姫路市の大塩をたずねた富太郎は、そこでノジギクの大群落を発見し、「これほどの群落はめずらしく、大変貴重である」と、その価値に太鼓判を押しました。大塩の日笠山や馬坂にはノジギクが咲き乱れる場所があり、地元の人々は、小学校の遠足で行く、あの山のあの菊がそんなに立派なものだったのかと驚いたことでしょう。ノジギクはその後兵庫県の県花に指定され、日笠山はノジギクの公園として整備されました。

富太郎いわく「六甲山は登ってみないと気がすまない」。六甲山は標高九三一メートル、神戸、芦屋、西宮、宝塚にまたがって大小の山々がつらなる山域です。山頂付近は高山植物が見られるほど冷涼な気候で、植物を観察、採集するには魅力的な山でした。富太郎が初めて見た六甲山は、上京する際の神戸港から見たはげ山でしたが、明治三十五（一九〇二）年に大規模な植林が始まり、緑の山へ回復を目指し始めたところでした。山頂付近に高山植物園を造る際には富太郎が指導にあたり、昭和八（一九三三）年に開園、現在も多くの観光客が訪れています。

タシロラン。葉緑素を持たず、根に持つ菌による分解作用で栄養分を得る。

富太郎と神戸
生涯の教え子・田代善太郎

田代善太郎が富太郎に出会ったのは、東京師範学校でした。以来、田代は植物研究を一生の学問とし、富太郎を生涯の師と仰ぎ続けました。九州の師範学校で教えていた時代は、九州地方の植物を広範囲にわたって調査、採集会や講習会をたびたび開催して富太郎を呼び、富太郎の研究を支えました。長崎で田代が発見した植物にタシロランがあります。常緑樹の林床に咲く腐生植物で、富太郎が田代を記念して命名、発表しました。

田代が九州時代に採集した標本は京都大学に寄贈され、田代は京都大学植物学教室へ移り、標本整理に従事することになります。近畿各地で植物の調査や指導にあたり、近畿・関西での富太郎の活動を支えました。

アリマウマノスズクサ。つる性の植物で、5〜6月に黄色いラッパ型の花を咲かせる。ジャコウアゲハの食草となる。

富太郎と神戸
六甲山植物のプロ・山鳥吉五郎

山鳥吉五郎は東京高等師範学校を卒業したのち、兵庫各地で教鞭を執り、西宮高等女学校長に就任しました。『牧野富太郎と神戸』（白石卓巳・著）によると、山鳥は六甲山の植物に精通、生息地点を知り尽くしているため、「六甲山に登るときはなんだか山鳥吉五郎君と一緒でないと気がすまない」と、富太郎は語っています。

六甲山で二人が発見した植物に、アリマウマノスズクサがあります。山鳥によると二人で同時に発見したそうで、その分類についてしばらく検討した結果、富太郎はオオバウマノスズクサの姉妹種として『牧野植物図鑑』に記載しました。山鳥は岩石・鉱物や魚類なども広く研究し、兵庫県の博物学を生涯指導しました。

植物趣味を鼓吹《こすい》せよ・植物研究雑誌

カカオノキ

チョコレートの原料となる熱帯の果実

カカオノキは中南米で見られる常緑樹で、種子がチョコレートの原料となります。年間の平均気温が二十四〜二十八度で、雨の多い多湿な気候を必要とするので、生育に適した場所は多くありません。幹や太い枝の、葉が落ちたあとの葉腋《ようえき》から花柄が複数出て、その先にうす紅色の花を咲かせます。

富太郎は、一般の人々に広く植物のことを知らせるために『植物研究雑誌』を創刊、その巻頭でカカオノキを「チョコレートの木」として紹介しました。

チョコレート

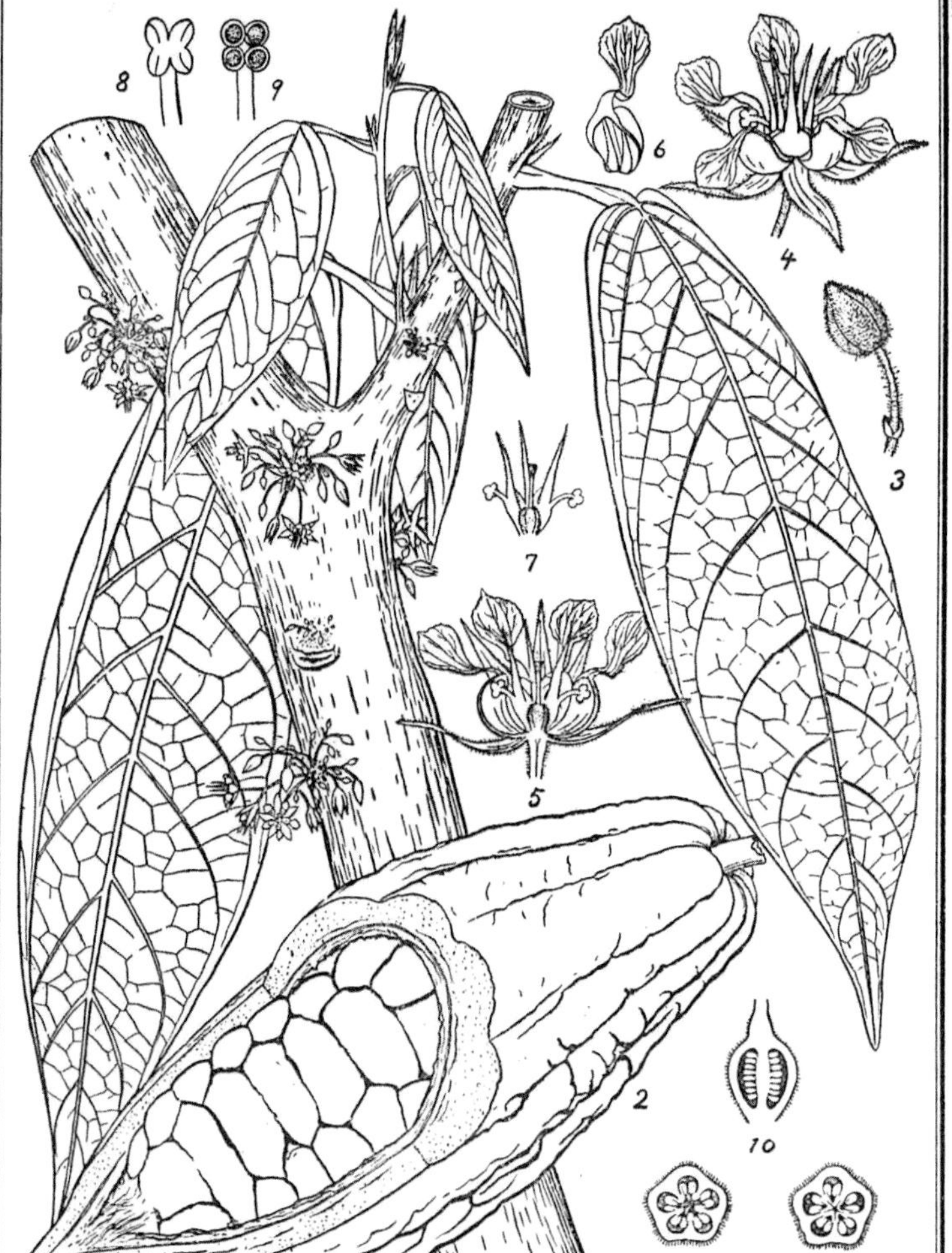

ちょこれーとのき一名かかおのき

(1)ハ花、葉ヲ有スル大枝ノ一部(Bentley et Trimen)(2)果實ニシテ其果皮ノ一部ヲ切リ去リテ内部ノ種子ヲ示ス(同)(3)蓓蕾(Berg et Schmidt)(4)花ノ全形(同)(5)花ノ縦截(同)(6)花瓣ノ一(同)(7)雄蘂ヲ縦截シテ雌蘂ヲ示ス(同)(8)未開裂ノ雄蘂(同)(9)既開裂ノ雄蘂(同)(10)子房ノ縦截(同)(11)(12)子房ノ横截(同)(1)(2)ハ縮圖其他ハ放大圖

『植物研究雑誌』第1巻第1号第1版。6は花弁一枚、7は雄しべを縦に切って出した雌しべ、8は開く前の雄しべ、9は開いた雄しべ。

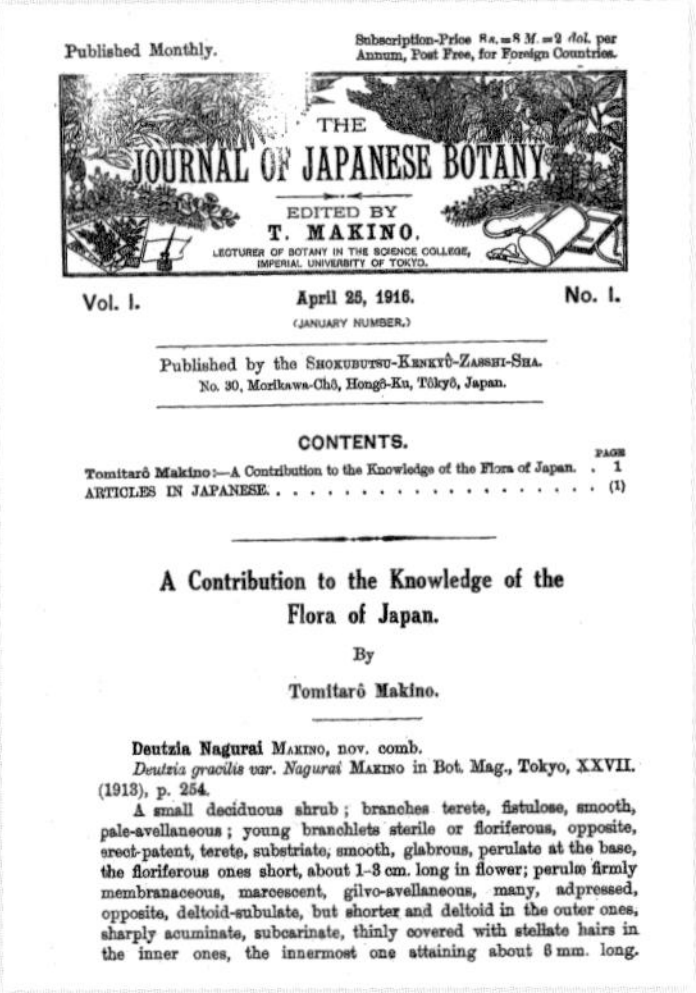

Published Monthly.

Subscription-Price 8s.=8 M.=2 dol. per Annum, Post Free, for Foreign Countries.

THE JOURNAL OF JAPANESE BOTANY

EDITED BY
T. MAKINO.
LECTURER OF BOTANY IN THE SCIENCE COLLEGE, IMPERIAL UNIVERSITY OF TOKYO.

Vol. I. April 25, 1916. No. I.

(JANUARY NUMBER.)

Published by the Shokubutsu-Kenkyû-Zasshi-Sha.
No. 30, Morikawa-Chô, Hongô-Ku, Tôkyô, Japan.

CONTENTS.

	PAGE
Tomitarô Makino:—A Contribution to the Knowledge of the Flora of Japan.	1
ARTICLES IN JAPANESE.	(1)

A Contribution to the Knowledge of the Flora of Japan.

By

Tomitarô Makino.

Deutzia Nagurai Makino, nov. comb.

Deutzia gracilis var. Nagurai Makino in Bot. Mag., Tokyo, XXVII. (1913), p. 254.

A small deciduous shrub; branches terete, fistulose, smooth, pale-avellaneous; young branchlets sterile or floriferous, opposite, erect-patent, terete, substriate, smooth, glabrous, perulate at the base, the floriferous ones short, about 1-3 cm. long in flower; perulæ firmly membranaceous, marcescent, gilvo-avellaneous, many, adpressed, opposite, deltoid-subulate, but shorter and deltoid in the outer ones, sharply acuminate, subcarinate, thinly covered with stellate hairs in the inner ones, the innermost one attaining about 6 mm. long.

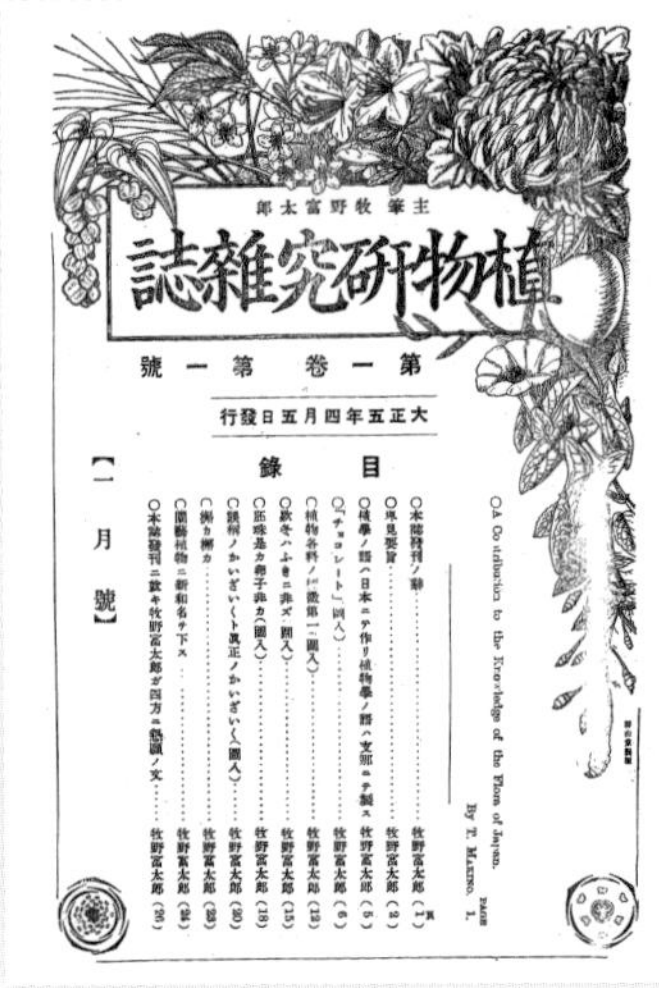

主筆 牧野富太郎

植物研究雜誌

第一巻第一號

大正五年四月五日發行

目録

○A Contribution to the Knowledge of the Flora of Japan. By T. Makino. PAGE 1.
○本誌發刊ノ辭……牧野富太郎（1）
○卑見[illegible]……牧野富太郎（2）
○植學ノ語ハ日本ニテ作リ植物學ノ語ハ支那ニテ製ス 牧野富太郎（5）
○「チョコレート」（圖入）……牧野富太郎（6）
○植物[illegible]（圖入）……牧野富太郎（12）
○款冬ハふきニ非ズ（圖入）……牧野富太郎（15）
○[illegible]（圖入）……牧野富太郎（18）
○[illegible]桐ノかいざいくト眞正ノかいざいく（圖入）……牧野富太郎（20）
○[illegible]……牧野富太郎（23）
○[illegible]植物ニ新和名ヲ下ス……牧野富太郎（24）
○本誌發刊ニ就キ牧野富太郎ガ四方ニ[illegible]ノ文……牧野富太郎（26）

【一月號】

左／『植物研究雑誌』の英語版の表紙。右／創刊号の表紙。英語版も日本語版も富太郎がデザインし、山田壽雄（132ページ）が描いた。

愛好家をさらに増やしたい『植物研究雑誌』創刊

東大の植物学教室で創刊された『植物学雑誌』は、その後順調に投稿者も増え、専門性の高い学会誌に成長していました。富太郎はそこで発表を続ける一方で、学会に属さない一般の人々が誌面に集い、切磋琢磨できるような媒体が必要だと考えるようになりました。授業のために植物の勉強に来る学校の教師たち、趣味の域を超えるほど深い研究をしている人、植物が好きという一心で親に費用をもらってやってくる小学生。日本各地で出会った様々な顔が浮かび、そのような雑誌は自分でやるしかないと思い、三万円の借金の最中に知人をたよって費用を工面し、『植物研究雑誌』を創刊します。

富太郎は第三号から三号連続で「植物趣味の鼓吹」なる文章を寄せ、思いを語っています。「世人は植物学というものは、ただ学者のやる事であると思っているが、それはあまりに狭き考えである」とし、スウェーデンの世界的なシダ類学者は公証人、ドイツ世界的な苔類学者のステファニー氏は印刷屋であり、研究はその気になればだれにでもできるとつづっています。植物趣味は心を涵養するが、趣味が高じてもっと詳しく知りたいと思うようになると、それが研究の入り口で、研究に夢中になれば植物の本当のおもしろさや奥深さを知り、真の醍醐味を味わうことができる。家庭においても、チョコレートを買うときにカカオの話ができるようなら素晴らしく、子どもは家で一通りの植物知識を得て、好奇心を広げるだろうと述べています。

そして『植物研究雑誌』は、多彩な顔ぶれによるユニークな雑誌になりました。

左／イワレンゲ。断崖や石垣、屋根の上などに生える。一度花が咲くと、その株は枯れる。右／ツユクサ。

専門家とアマチュアが誌面で集う

『植物研究雑誌』の投稿者には、東大植物学教室のメンバーのほか、各地の植物研究会の会員、学校の教員など、様々な肩書きをもつ人々が研究成果や報告文を寄せました。

大場秀章氏「『植物研究雑誌』の創刊と発展を支えた人々」によると、東京帝国大学医科大学の教授で薬学の専門家・朝比奈泰彦は中心メンバーとして富太郎を支え、津村研究所の技師・木村雄四郎は、のちにこの雑誌の存続危機を救います。久内清孝は、貿易会社、ジャパンタイムスを経て武蔵高等学校の植物調査の嘱託という経歴で、昆虫類や貝類にも詳しい博物学の知識で、興味深い記事を寄せました。横浜平安堂薬局の清水藤太郎は東京植物同好会の会員であり、久内らと交流しながら、掲載する写真を撮影しました。

ツユクサは「ぎいすぐさ」植物方言の報告

岡山県の正宗は「備前地方植物方言一斑」として、地元岡山の植物の呼び名を報告しました。富太郎は、方言の呼び名には、その地域で昔から伝わる植物の使い方や遊び方などの情報が含まれ、地域独特の植物の見方が感じられるためおろそかにできないと、語っていました。

それによると、ツユクサは「ぎいすぐさ」。ツユクサがキリギリスのえさとしてよく使われ、キリギリスを岡山では「ぎいす」と呼ぶ。イワレンゲは「かわらぐさ」。屋根に生えるので「瓦草」と呼ぶ。ホトケノザは「くるまばな」で、「葉を両端につけ置きて、上下の茎を切り去りその両葉の間における茎の中央に横に松葉を通し、葉を吹いて回す故の名」と説明しています。

上／シークワサーの果実。冬になると熟してオレンジ色になり、甘くなる。左／シークワサーの花。4月に咲く。

貴重な野生の柑橘類 シークワサー

沖縄の柑橘類・シークワサーについて報告を寄せたのは、農学士の田中長三郎です。冒頭、柑橘類は長く人類に利用されてきたため、本当の野生のものを発見するのは容易ではないと述べ、しかし沖縄のシークワサーだけは大変立派な野生状態を示しており、名護岳や嘉《か》津《つ》宇《う》岳では、頂上まで雑木と混じって高い密度で存在していると報告しています。

検討した結果、シークワサーがヒラミレモンであることが明らかになったとしていますが、末尾に「芭蕉布を洗濯するのになくてはならぬ有用植物」とし、「布はあらかじめ水洗いし後、これに浸すこと十分から二十分、取り出して再び洗うと汚れが落ちてさらりとするそうだ」と、その方法を簡潔に伝えています。

青空に咲くタカサゴユリ。国内に野生しているものはテッポウユリとの交雑由来の系統と考えられ、シンテッポウユリとするのが正確だとする意見もある。

台湾の山に咲くタカサゴユリ

台湾の美しい花の報告を寄せたのは、理学士の山本由松です。のちに台北帝国大学の教授となり、台湾の植物研究に生涯を捧げました。自らが発表したコウトウランの続報として写真を大きく掲載し、このランの分類として、ラン科に新属を作るかどうか、検討を重ねたいと報告しています。

またタカサゴユリの見事な姿を写真で大きく紹介し、台湾では平地から高所まで広く見られ、草中に群がり咲いている姿は、旅の疲れも忘れさせるとつづっています。タカサゴユリを日本で最初に採集したのは富太郎で、富太郎の描いた図とともにそれを紹介しています。タカサゴユリは現在日本で分布を広げ、テッポウユリと交雑するなど、侵入生物リストに掲載されています。

筆まめ自慢

下の手紙は、大正七（一九一八）年十一月に、富太郎が緒方益井《ますい》という人物にあてたものです。緒方は奈良帝室博物館の学芸員を務めた人物で、このとき東京の渡辺千秋伯爵邸に滞在していました。

手紙の内容は、緒方からコブシについて問い合わせた件の返答で、図まで描いてていねいに説明しています。さらに追伸で、もし実物が必要であれば翌春咲いたときに送る旨を伝えています。

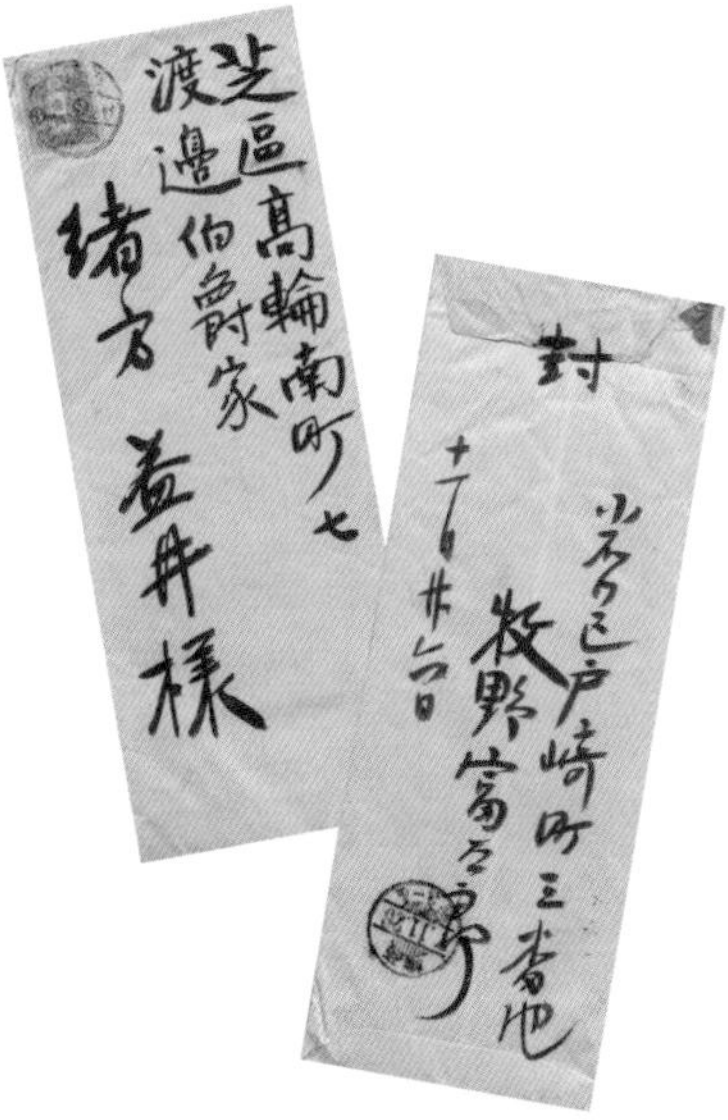

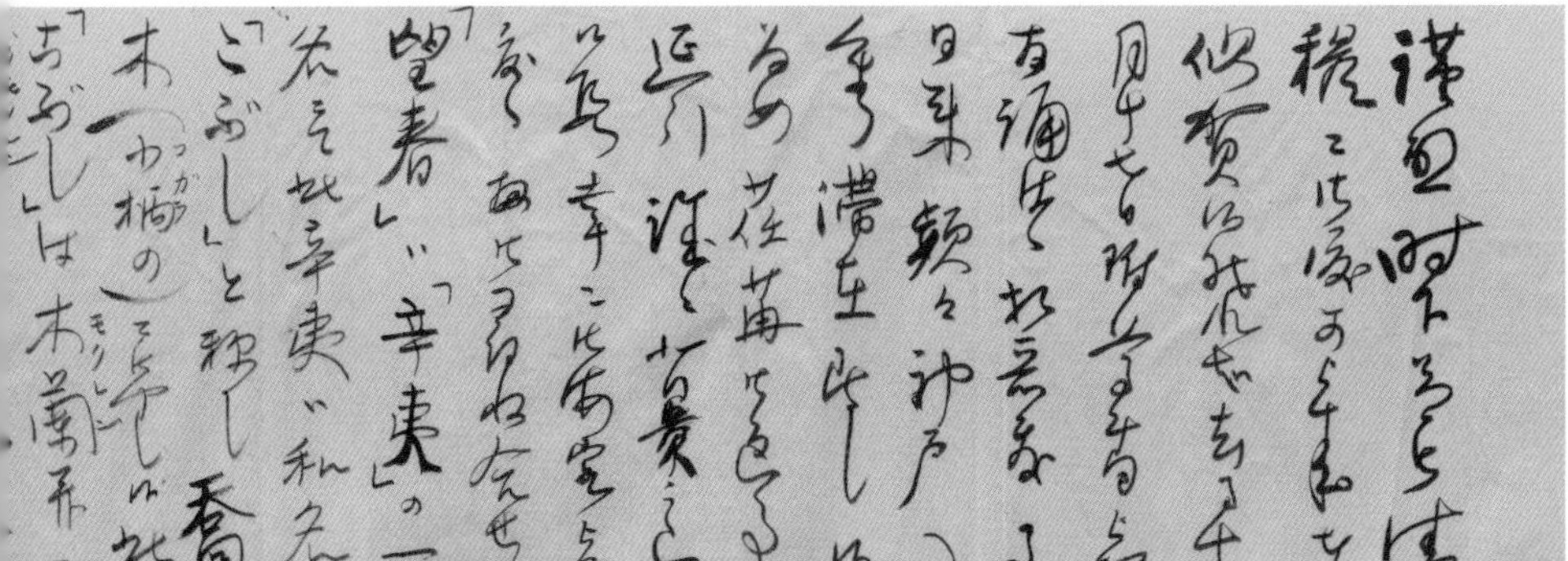

富太郎は実に筆まめで、植物に関する手紙であれば必ず返事を書きました。研究者はもとより、植物同好会の会員、あるいは見知らぬ人でも、学生や子どもからの手紙に対しても返事を送りました。高知県の牧野植物園の元園長である小山鐵夫氏をはじめ、小学生のころに富太郎から返事をもらって感激し、植物学者になった者も一人や二人ではありません。

常に「採った植物が何かわからなければ、すぐに教えてあげよう」と言っており、それは嘘ではありませんでした。富太郎は、東京植物同好会の採集の途上で、いささか自嘲気味に次のような句を詠んでいます。

諸物価の高いのに似ず安売りの
店を平気で出す牧野屋
頭脳《くら》の中仕入れの草木数知れず
いくら売っても品切れはせず

お願い上手

筆まめなのは、問い合わせに答えるためだけではなく、富太郎から方々へ標本の依頼をするためでもありました。

松岡司氏の『牧野富太郎　通信―知られざる実像―』によると、和歌山の著名な魚類・植物の研究者である宇井縫蔵へ、タニモダマとジョウロウホトトギスの生本を送る依頼をしており、受け取ったことの報告と謝礼の手紙が紹介されています。また、同郷の吉永虎馬とも頻繁にやりとりがあり、時には大至急花のついた枝を送って欲しいとか、普通の枝ではなく先端の分かれたものが欲しいとか、相手の都合を顧みない無理な頼み方をしていることもありました。

特に高知の知人あてには「五台山のあの道を曲がったところにある、あの植物」のようなリクエストもあり、頼まれた方は、そこへ行って見つからないと別の場所へ探しに行き、大変な時間と手間をかけて富太郎に標本を送りました。それに対して富太郎は、おおいに役だったとか、早速標本にしたとか、庭に植えて部屋にも活けたとか、感謝の意を細やかに書いてよこします。こうして、富太郎の依頼に万難を排して応える者たちのネットワークがあちこちにでき、富太郎の研究を支えたのです。

春一番に開いたコブシの花。

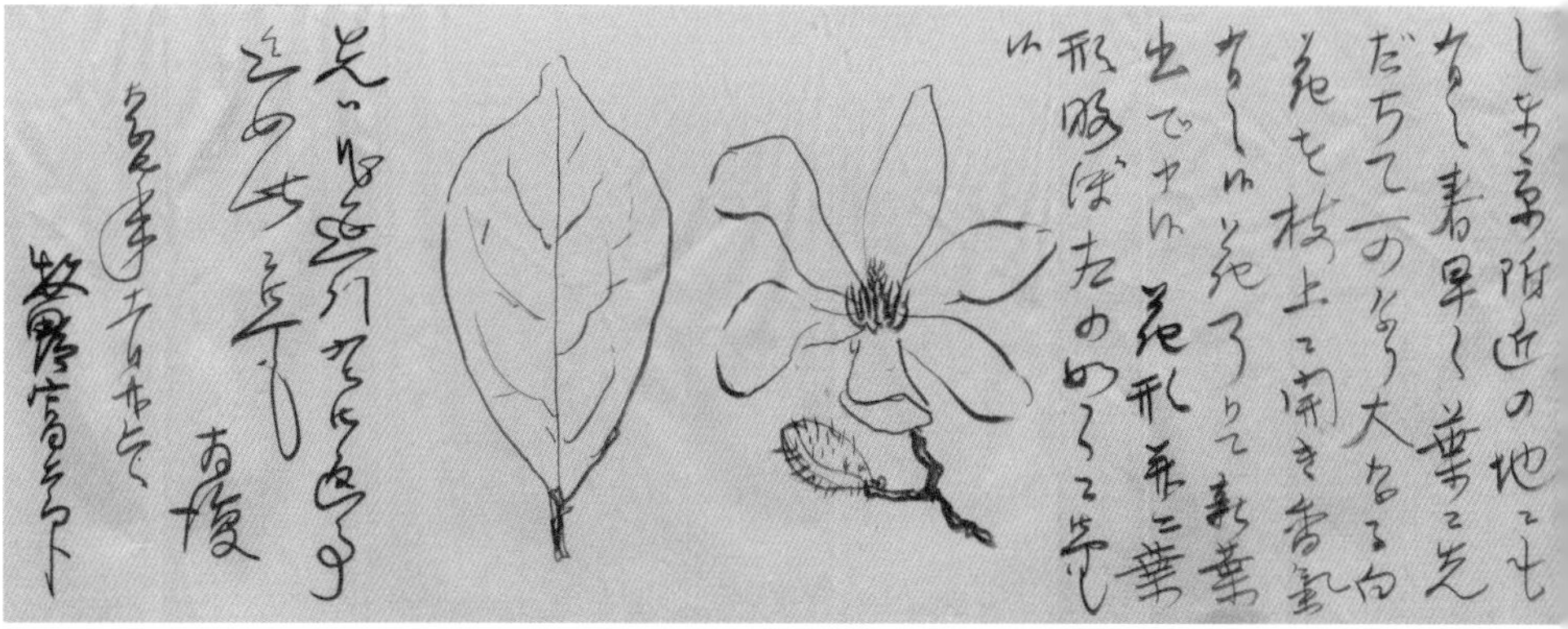

ハコベ

路傍に咲く春の七草

ハコベは野の草としてもっとも身近なものの一つです。日本中の路傍や田畑に生え、地面をはうように伸びてから斜めに立ち上がり、小さな白い花を多数開きます。花弁は五枚ですが、深い切れ込みがあるため十枚に見えます。小鳥が好んで食べるので、地域によってひよこ草という呼び名もあります。春の七草に数えられており、早春の小さな株を摘み取って七草粥に使います。ハコベ、ウシハコベ、ミドリハコベなど多くの種類があります。

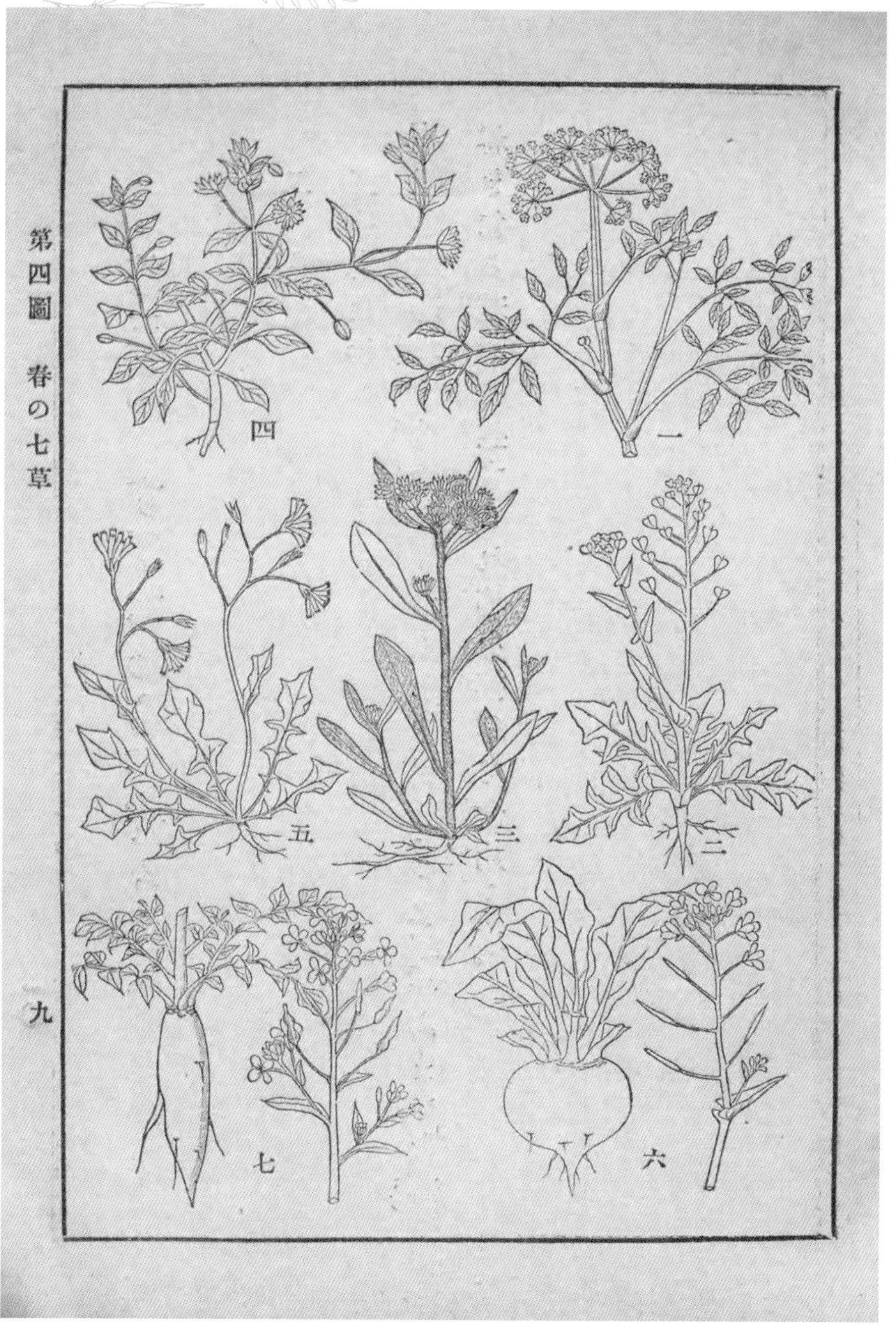

明治45年に出版された『児童野外宿物のしをり』に掲載された、富太郎による春の七草。
4がハコベ。

中村少年がつないだ縁

大正九（一九二〇）年、東京植物同好会の採集会に小学生の姿がありました。名前は中村浩、当時最年少の会員で、十歳でした。毎月の採集会に皆勤賞で参加する熱心な少年で、富太郎は若い愛弟子として、親しく教えました。

このころ、富太郎は『植物研究雑誌』の発行のために、再び借金し始めていました。創刊号は知人から借りた費用で出し、二号と三号は自費で発行、しかしそのあとは資金がなくなって回らなくなり、読者から支払われた購読料は家族の飯の糧と消えてしまいます。池長はここでも援助を申し出てくれ、しばらくは順調に出版できたものの、池長からの支援が突然打ち切られ、雑誌の発行は止まってしまいました。

池長の援助が止まったのは、富太

日光霧降高原で、朝日をあびるニッコウキスゲの群落。ニッコウキスゲという和名は、富太郎が命名したもの。

郎が池長との約束をきちんと履行できないことに原因がありました。研究に使う費用の使い方や、神戸での人とのつきあい方は、度が過ぎていると思われることがしばしばでした。約束通り研究所に来なかったり、来ても採集に出かけてしまったりして、標本の整理や研究は池長青年の思い描いていたものとは、かけはなれていきました。池長と富太郎の間には次第に齟齬が生まれ、援助は打ち切られてしまったのです。

この時出会ったのが中村春二です。理想の教育を目指して成蹊学園を創立した、人徳高い教育者でした。中村は浩の父親で、おそらく浩の興奮気味の採集会の報告を家で聞きながら、富太郎への信頼を会う前から感じていたのではないでしょうか。大正十一（一九二二）年、富太郎は中村とともに成蹊高等女学校の生徒を連れて日光で植物採集を行い、深く理解し合うようになったのです。

日光の宿で語り合う

中村は教育を志して大学で学び、卒業後すぐに教壇に立って現場を体験しますが、西洋の影響を受けた知識つめ込み型の画一的な教育に満足できず、自分で理想の学校を創ろうと思い立ちました。明治四十五（一九一二）年に成蹊実務学校を創立しますが、開校日のわずか十日前、近隣火災のもらい火のために新築の校舎が全焼。しかし中村は「教育は校舎ではなく精神である」とし、急ごしらえで仮校舎を造り、開校しました。のちの成蹊学園となる、始めの一校でした。

人はいかに困難な状況にあっても、それを乗り越えるだけの力があり、自分の中のその力に気づくことで強い精神力が培われる。これが中村の教育論で、富太郎は「中村さんほど敬服できる人物に会ったことがなかった」と語っています。

日光の宿で、富太郎は十畳の広い部屋に陣取っており、当然中村も同じだと思っていたのですが、実は中村は控えの四畳半で寝起きしていたことが後にわかり、富太郎は胸をつかれたといいます。

上／現在のコオニタビラコ。古名がホトケノザ。
下／現在のホトケノザ。

『植物研究雑誌』の援助を約束

宿で語り合い、互いの目指すところを知り、二人は互いに尊敬の念を抱きました。中村は富太郎の困窮具合を知ると、援助を申し出ました。それは『植物研究雑誌』刊行のための一切の費用を出すこと、さらに、富太郎が新たに発行を企画していた『日本植物図説』の費用として、毎月五百円を無条件で出すというものでした。当時の大学教授の月給が平均二百円であったことを考えると、破格の援助であることは明らかです。中村という救いの神が現れたことで、刊行の止まっていた『植物研究雑誌』は、再開に向けて動き出しました。再出発となる新たな号を印刷所に入れ、見本の十部が刷り上がったのが大正十二（一九二三）年の夏でした。早く中村に見てもらいたい。富太郎の心は喜びにはやっていましたが、そこに思わぬ災害が起こります。

九月一日、関東は大きな地震におそわれ、見本誌を持っていた印刷所は震災で焼失。中村に見本誌を届けることは、かなわなくなってしまっ

たのです。

春の七草を贈る

さらに、中村が急に病を得て伏せていると知らせがありました。冬の最中のことで心配になり、富太郎は気持ちをこめて春の七草を籠に植え込んで、中村へ贈りました。中村はしばらく病床から眺めて楽しみ、七草の日にそれを粥にして食べ、「初めて『本当の七草』を食べることができました」と、礼の手紙を送ってきました。

「本当の七草」というのは、「七草のホトケノザはいろいろややこしく、実はホトケノザではない」ということです。春の七草の由来には諸説ありますが、四辻左大臣が詠んだ歌が元だとされています。

せり　なずな　御行　はこべら
仏の座　すずな　すずしろ
これぞ七草

この歌に詠まれたホトケノザとは、今のホトケノザではなくコオニタビラコです。コオニタビラコが、冬の間若い葉を放射状に広げているのを蓮華の座に見立てた古い呼び名が「仏の座」なのです。今の「ホトケノザ」は全く別の植物で、富太郎いわく「食べてもちっともおいしくない」。富太郎は、中村への見舞いに「正しいホトケノザ」の説明をつけたのでしょう。中村は間もなく、四十七歳の若さでなくなり、富太郎は大変なショックを受けました。中村愛用の硯をもらいうけ、机に置いていつまでも大切にしたといいます。

援助がなくなり、雑誌の刊行は再び止まりましたが、津村順天堂を創業した津村重舎の援助を受け、継続的に刊行できることになりました。この雑誌は三度救われ、現在も株式会社ツムラで刊行が続いています。

恋女房・寿衛

スエコザサ

北国の里山に見る愛しき妻のササ

上の写真は、大正十一（一九二二）年に撮影されたものです。寿衛の名を冠したスエコザサは、富太郎が仙台で発見し、妻への感謝をこめて名付けたササです。宮城から北の地域の平地や山に生えますが、見ることは稀な種類です。富太郎は新種として発表しましたが、現在はアズマザサの変種とされています。葉の片方が裏側に向かって巻いているのが、スエコザサの特徴です。

富太郎がスエコザサを発見した際に同行し案内していた、岡田要之助氏が採集した標本。

十八歳の妻

明治二十四（一八九一）年、富太郎が破綻寸前の岸屋を整理するために佐川へ帰郷しているとき、寿衛は病気がちな長女・園子を育てながら二人目を身ごもっていました。佐川への帰郷は実に一年にも及んでいて、寿衛はたびたび手紙を出して東京の窮状を伝えています。大原富枝氏の『草を褥《しとね》に　牧野富太郎』から引用すると、

「十日までと断りおきし品、まだ郷里より金が来ぬゆえ、十五日まで待てくれと申すに聞かず、ようよう十五日まで待たせておき候、左様ご承知下されたく候」。

結婚してすぐに借金に追われる暮らしぶりであることがわかります。

やがて次女が生まれ、

「おそのこと去年より風邪ひき、それが元にて一月三十一日よりよほど悪く相成りまた全快いたさず、米粒をいっさい食べず、（中略）トーチャントーチャンと申しじつにかわいそうでたまらず、私はちょっとも傍をはなれず唯々寝たきりでおります」。

長女の園子の病状が重い一方で乳飲み子にも手がかかり、その苦労と心細さはいかばかりでしょう。しかし富太郎はこのころ、土佐の音楽教育のレベルが低すぎるといって、音楽愛好家の集まりを結成し、音楽会など開いているのでありまして、何かに夢中になると自制心が飛んでしまい、金も時間も湯水のように使うという悪癖については、どうかばいようもありません。

間もなく届いた次の知らせは、園子の急死を告げるものでした。可愛がっていた長女の急死の知らせに、富太郎はあわてて上京します。そしてこれが岸屋との別離となり、本格的な生活苦の始まりとなりました。

借金との闘い

この後助手として東大に雇用され、月給取りとなった富太郎ですが、高価な本や高級な画材、標本用の紙を次々に買うので、十五円の月給だけではどうにもなりません。

富太郎の待遇について、大場秀章氏は「『植物研究雑誌』の創刊と発展を支えた人々」の中で、「助手の採用枠は全学で八十人という定員枠があり、植物学教室での採用は平瀬作五郎と牧野富太郎の二名だけだった」「牧野は腊葉《せきよう》室に接し、松村教授と廊下合わせの分類学研究室を独占的に利用していた」と書いており、大学が一方的に冷遇していたわけではなく、むしろ優遇していたとしています。

富太郎はこの時代にもたびたび地方へ採集に出かけています。その際、

富太郎はいつもわずかな費用しか持たずに出て、路銀がなくなるとその土地で講習会などを開き、費用を工面して目的地へ行くというスタイルでした。家へたびたび送金願いの手紙を書き、寿衛も出先へ返事を送りました。そんな中の一通に、富太郎が寿衛にあてた手紙があります。前出の『草を褥に』には、家族を思いやる飾らない手紙が紹介されています。

「……その後金を送らないもんだからこまって居るだろうと思う。先ず何よりミルクを買う金にこまるならん高知に出たら直ぐ送るから待って頂戴。（中略）高知へ着いたらまた手紙をあげる。寿チャンさむしいかえ。これも少しの心ぼうだわ、お香代をよく気をつけてやって頂だい……」

毎年のように生まれる子どもを育て、病で失い、毎年の暮れには家を追われて寒空の下を引っ越す騒ぎ。嵐の最中で揉まれるような日々の中、若い寿衛は風変わりな夫と暮らしを支えるために次第に気丈な妻となり、借金取りのあしらいに熟達していきます。

気色ばんだ高利貸しが押しかけて来ると、誠実に最後まで話を聞いたうえで、実に具合よく言い訳をします。卑屈なところがなくどこかおっとりとした寿衛の話を聞くうちに、高利貸しは怒りを忘れ、最後には笑顔さえ浮かべて帰る人もあったといいます。そしてこんなとき、寿衛は家の外に赤旗を掲げておくことも忘れません。それは富太郎に借金取りの来訪を知らせる合図で、旗のあるうちは富太郎は家に帰らないという仕組みでした。

壮年期の富太郎と寿衛。大正13（1924）年撮影。

寿衛の才覚

富太郎の借金がふくらんで行く一方で、子ども六人は成長し、長女や次女は年頃にさしかかっています。寿衛は、子どもにみじめな思いはさせたくない、ならば自分が働こうと思い立ちます。そして知り合いを通じて、渋谷の宮益坂にある待合「いまむら」で働き始めました。待合というのは、政治家などが内密な話をするときに利用する料理屋で、ときに芸妓を呼んで唄や踊りを楽しんだりする社交の舞台です。寿衛の母は京都で芸妓をしており、そこで寿衛の父と出会いました。陸軍のエリートだった父と芸の粋に通じた母の間に生まれた寿衛は、娘時代に唄や踊りなどをひと通り習い、知らずのうち芸の世界になじむ空気をまとっていました。客に可愛がられた寿衛は心づけをもらうことも多く、思わぬ収入を一家にもたらしました。

　やがて、「いまむら」が店を閉める話が持ち上がったのを機会に、寿衛は店を引き継ぎ、自分で経営する決意をします。牧野家にとって必要な収入であり、なじんだ仕事場として離れがたい思いが強かったのです。何がなんでも自分がやると、腹を決めた寿衛を止められる人はいませんでした。資金をやりくりし、こぢんまりした空き屋を探し、寿衛は「いまむら」を始めます。元の客はそっくり寿衛の店に引き継がれ、客あしらいの気持ち良さが評判になり、商売は順調でした。

　やがて数年後、時代が不景気になり始めると客筋が少しずつ悪くなり、寿衛は風向きが変わったことを実感しました。そこで寿衛は、再び大胆な決断をします。「いまむら」を売り、東大泉村に七百坪の土地の借地権を買い、家を建てることにしたのです。

「七百坪！　それはおまえ、広すぎる」そういう富太郎に、寿衛は言いました。

「いいえ、本当はまだたりません。あなたの標本庫も造りたいけれど、とにかく家を建てねばなりませんから」。

　そして大正十五年の十二月、一家は東大泉の新居に住まいを移しました。結婚してから初めての「我が家」でした。

スエコザサ

　引っ越して間もなく、寿衛は体の不調を感じるようになり、入退院を繰り返すようになりました。このころ富太郎は周囲の説得によって博士論文を提出、渋々ながら理学博士になり、月給は十二円上がって七十五円になりましたが、寿衛が仕事を辞めたため、牧野家の家計は再び火の車。富太郎は執筆や講演会を山ほどこなし、収入の補填に奔走しますが、寿衛の病状は悪化するばかり。入院費がままならないことも多く、闘病は家計に翻弄されました。そして昭和三年の二月、寿衛は五十五年の人生を終えました。

「お父さんのあれほど困った顔は見たことがない」。のちに四女の玉代が高知の武井近三郎にこう語っています。借金取りに平伏しながら夫と子どもを守り、家計を支えて家を建てた寿衛は、富太郎の同志そのものであり、ほかに代えることのできない妻でした。なくしたものの大きさを突如つきつけられ、悲しむというより呆然とする。「困った」という言葉に、動揺した富太郎の胸の内が想像されます。

　当時ササの分類に熱中していた富太郎は、東北で見つけたササが新種だとわかり、命名・発表の準備を進めていたところでした。せめてもの感謝をこめ、寿衛の名前を残したい。富太郎はそのササを「スエコザサ」と名付け、句を残しました。

　家守りし妻の恵やわが学び
　世の中のあらん限りやスエコ笹

サクユリ

column
4

ユリ談義

かぐわしく香るユリの王者 サクユリ

ユリの中で、富太郎が「ユリの王者」と手放しで賞賛するのがサクユリです。伊豆諸島や八丈島、青ヶ島などで見られます。溶岩台地の草原などに生え、強い日照りの下で太い茎を伸ばします。ヤマユリの変種とされ、葉も花もヤマユリよりひと回り大きく、花の直径が三十センチになるものもあります。ヤマユリには花弁に赤い斑紋がありますが、サクユリにははっきりした斑紋がないか、あってもはっきりしません。

富太郎は「このユリを庭に植えておくと、早朝雨戸を開け放ったとたんに、その香りが鼻を突く」とつづり、大変美しい植物画を残しています。

ヒメユリ

すこぶる美しく、上向きに咲くヒメユリ

富太郎は、このユリの咲く姿を「花が直立して上向きに、星のように開く」と書きました。花弁は朱赤色でやや外側に向かって開き、濃い色の斑紋があります。花弁と葯《やく》が赤く、花柱が緑色ですこぶる美しく、その美しさのために広く栽培され、いろいろな品種が生まれています。花の大きさが小ぶりで、姿が可憐なことから「ヒメユリ」と名付けられました。

白い卵のような鱗茎が数個集まっており、緑色の茎をまっすぐ伸ばし、その先に二~三個の花をつけます。野生のものは数が減っており、見るのは稀になりました。

ユリの女王・ヤマユリ

山に咲くユリとして代表的なものですが、関西ではササユリの方が多く見られます。吉野山には多く生えていて、ヨシノユリと呼ばれていました。ヤマユリという名前は明治以降登場する新しい名で、それ以前は箱根山のハコネユリなど、地名をつけて呼ばれていたようです。

強い香りを持っていて、香りでその存在がわかるほどです。大きくて美しい花は海外で人気が高く、明治から大正にかけて、多くのヤマユリの鱗茎が掘り出されて輸出されました。地下の大きな鱗茎は食用となるほか、生薬としても使われます。

朝夕に香るササユリ

関西地方などの山で、日陰の山道などでよく見かけます。葉の形がササに似ていることからついた名前です。良い香りを出しますが、特に朝夕に強く香ります。万葉集に出てくるユリは、このユリかオニユリが主なものです。鱗茎を形成する一枚一枚の鱗葉は、先がとがっています。山から掘りとってきて植えてもうまく育たないことが多い、栽培の難しいユリです。

この変種に、特に香りが強いニオイユリ、葉に白い縁取りがあるフクリンササユリがあります。

ヤマユリ

ササユリ

ウバユリ

林に咲く風変わりなユリ・ウバユリ

ウバユリはユリの仲間としては、かなり変わっています。葉は平たくて大きく、普通のユリは葉脈が平行ですが、ウバユリは網状です。ウバユリの花は左右対称ですが、普通のユリの花は放射状に相称形です。雄しべと雌しべが一つの束になっているところも独得で、普通のユリは雄しべの葯がT字形につきますが、ウバユリはT字形になりません。葯は薄い褐色で、花粉は灰色です。

ウバユリとは「姥百合」で、花が咲くころに葉がしおれて落ちるため、「歯がない」とかけてついた名前です。

バナナ

南洋諸島で植栽される「実芭蕉」

バナナは、インド原産ですが広く熱帯地域で栽培され、日本では南西諸島、小笠原諸島で栽培されています。富太郎は明治四十二（一九〇九）年に屋久島へ採集に行き、バナナを標本にしています。

垂れ下がっている花穂の先の、大きな苞で包まれている部分に雄花があり、花柄に輪状に多数ついているのが雌花です。雌花の子房がふくらんで実となりますが、種は育たず、地下茎で増えていきます。実の中央にある小さな黒い点が、種の名残です。

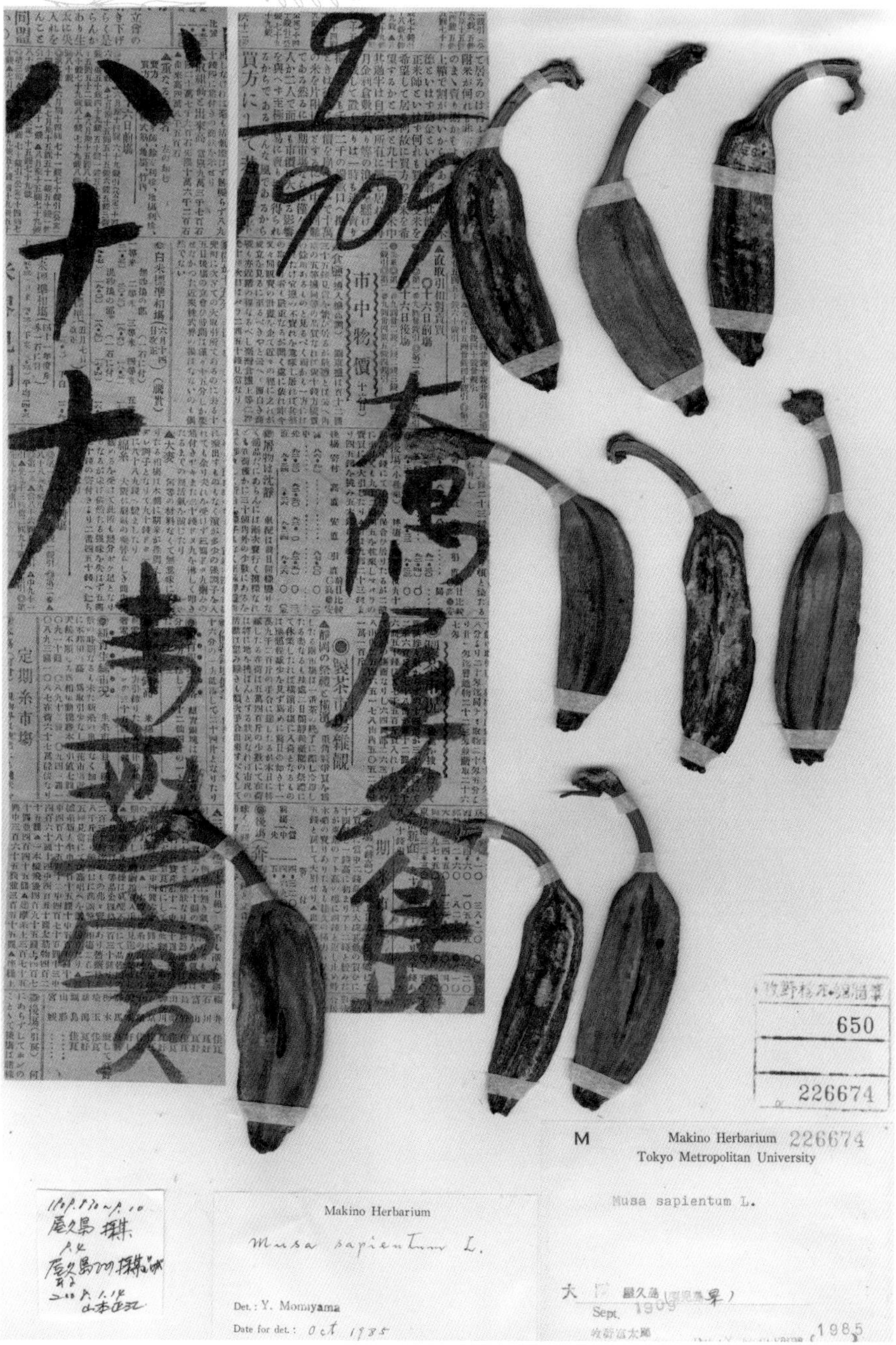

1909年、屋久島で採集したバナナの果実。このとき、雌花、雄花、葉も標本にしている。

研究のための採集を奨励する

富太郎いわく、「植物の面白さは野外に出て実物に接してみて初めてわかるもので、花が美しいとか香りが良いですませてしまわず、実や花の姿形をつっこんで調べてみることで、興味がかきたてられる」。「花を求めて山野を歩き回り、造化の神に接する喜びを感じれば心も高潔となり、体は健康になる」。「日本の天然資源たる数多くの有用植物について、さらなる研究が急務であり、そのためには一般の人々がもっと植物に対して知識を持たねばならない」。

このような考えから富太郎は常日頃植物趣味を奨励し、その一環として「植物採集行進曲」を『植物研究雑誌』で発表しました。実際この歌のごとく、富太郎は多くの人と日本全国津々浦々で採集を行い、各地に足あとを残しています。

植物採集行進曲

元歌三首　常谷幸雄
右修正　本田正次
末二首　牧野富太郎

根掘り片手に胴乱下げて　今日は楽しい採集よ
採った千種《ちぐさ》の優しい花も　やがて知識の実を結ぶ

国のためなら草木も採れよ　君は一本僕二本
つもりつもって押し葉の山が　末は御国を輝かす

異国に誇る草木の数よ　すべて知らねば国の恥
心一つに力を合わせ　調べ上げましょ我がフロラ

多き草木を原料《もとで》に使い　産業工業盛んに起こし
民の暮らしを一層善くし　国の富をも殖やしましょ

草木可愛の心を広め　愛し合いましょ吾等同士《どし》
思いやりさへこの世にあらば　世界《せかい》や平和で万々歳

上／屋久島の山の岩場に咲く、イッスンキンカ。花期は夏。
下／明治42年に採集した、イッスンキンカの標本。

明治四十二(一九〇九)年・屋久島

　明治四十二（一九〇九）年の夏、徳島と鹿児島で採集会や講演の予定があり、富太郎はその後九州へ足を伸ばし、屋久島を訪れました。大隅半島から南へ六十キロ、海から花崗岩の塊が海から二〇〇〇メートルほどの高さまでせり上がったのが屋久島です。平地は亜熱帯気候ですが山頂付近の平均気温は札幌より低い約六度で降雪もあり、一つの島で奄美地方から北海道までの植生を見ることができる稀有な場所として知られています。富太郎が訪れたのは屋久島の森が国有化され始めたころで、大規模伐採はまだ始まらず、縄文杉も発見されていませんでした。山の奥は神々と魑魅魍魎のすむ畏るべき世界であり、人が気軽に立ち入ることのできない雰囲気が残っていました。

　富太郎が登ったのは最高峰の宮之浦岳で、九月三日から登り、三泊四日で採集を行っています。採集した標本は数も多く、充実していたことがわかりますが、富太郎は詳しい記述を残しておらず、詳細は想像するしかありません。

　右の標本はイッスンキンカです。草丈が三～五センチにしかならない小さなキク科の植物で、屋久島の固有種です。ほかにもアオツリバナ、ヒメヒサカキ、ヤクシマシオガマ、カンツワブキなどを採集。この採集には岩川という現地の人と同行しており、発見したヤクシマスミレの学名に、岩川の名を入れています。

上／ボタンキンバイ。利尻岳の高い標高の草原に咲く。花は全開せず、雌しべが赤紫色になる。下／明治36年の登山で採集した、ボタンキンバイの標本。

明治三十六（一九〇三）年・利尻島

屋久島登山の六年前、富太郎は高山植物の会の会員や研究者と一緒に、北海道の利尻岳に採集登山しています。

小屋もないので日帰りのつもりでしたが、その割に荷運びの人足が多いのは、標本の入れ物や押紙やら弁当やらのためでした。まずミズゴケをとるために池の方へ進みますが、そのために一本しかない山道を外れることになり、激しい藪漕《やぶこ》ぎになります。採集を優先していると必然道なき道を行くしかなく、こんなことを繰り返しているうちに、気づけば山中で夜明しするしかなくなりました。食物は昼に食べつくし、防寒具もなく、富太郎は「エゾノダケカンバとミヤマハンノキを結び合わせて体半分が入れられるように」して、「ただむやみと樹の枝を焚いた」。

下山していた人足が食事と防寒具を持ってきて、ようやく事なきを得ると、富太郎は山頂目指して採集を始め、同行者が下山してもさらに残り、利尻の第二峰、第三峰までも採集踏破を敢行、日帰りの予定が三泊になり、最後は雨でずぶ濡れになりながら下山しました。

三日目、富太郎は第一峰の斜面でキンバイソウの群落に出会います。がくが十枚あることから新種の可能性を考えました。のちにこれは利尻岳に固有のものとわかり、富太郎は「ボタンキンバイ」と名付けました。

ナガバノモウセンゴケ。虫を捕らえると、葉は巻き取るように曲がる。尾瀬ヶ原とサロベツ原野に生育している。

尾瀬沼の怪

全国を回るなかで、ときには怪しい現象に出会うこともありました。明治三十三（一九〇〇）年、富太郎は単身、尾瀬沼へ採集に出かけました。そこは植物の宝庫で、特にモウセンゴケが多く、中にはナガバノモウセンゴケという珍しいものも見られます。尾瀬沼には「舟」という言葉を口にすると、天候が急転して風雨に襲われるという伝説があります。前日、村の宿で「決して舟と言うな」と言われていましたが、尾瀬沼が見えてくるとつい言ってみたくなり、大声で「舟、舟！」とどなってしまいました。すると突風とともに黒雲が現れ、沼は波立ち、すさまじい豪雨に全身ずぶぬれになりました。

高山の天気が変わりやすいために起きた偶然でしたが、忘れられない採集になりました。

久《く》住《じゅう》連山に咲くツクシシャクナゲ。深山の林に自生し、夏期に大輪の花を咲かせる。犬ヶ岳のツクシシャクナゲ自生地は、国の天然記念物に指定された。

犬ヶ岳で転落する

ときには絶体絶命の危機に遭うこともありました。昭和十五（一九四〇）年の夏、富太郎は二ヶ月ほど九州を回り、九月に犬ヶ岳に登りました。切り立った岩壁を登っているとき、岩に見事なツクシシャクナゲの株が目に入りました。それをとろうとしたとたん足場がくずれ、富太郎は谷底へ落ちてしまいました。頭を打って気を失い、気がついたときには別府の病院でした。

全治三ヶ月の大けがで、のちに背骨が三ヶ所折れていたことがわかりました。このとき、富太郎は七十八歳。年末にようやく家に帰ることができたのですが、翌春まだ静養が必要な時期に、富太郎は旧満州へサクラの調査に出て行きます。こんな具合なので、仲間からは「牧野さんは山で死ぬ人だ」と言われていたそうです。

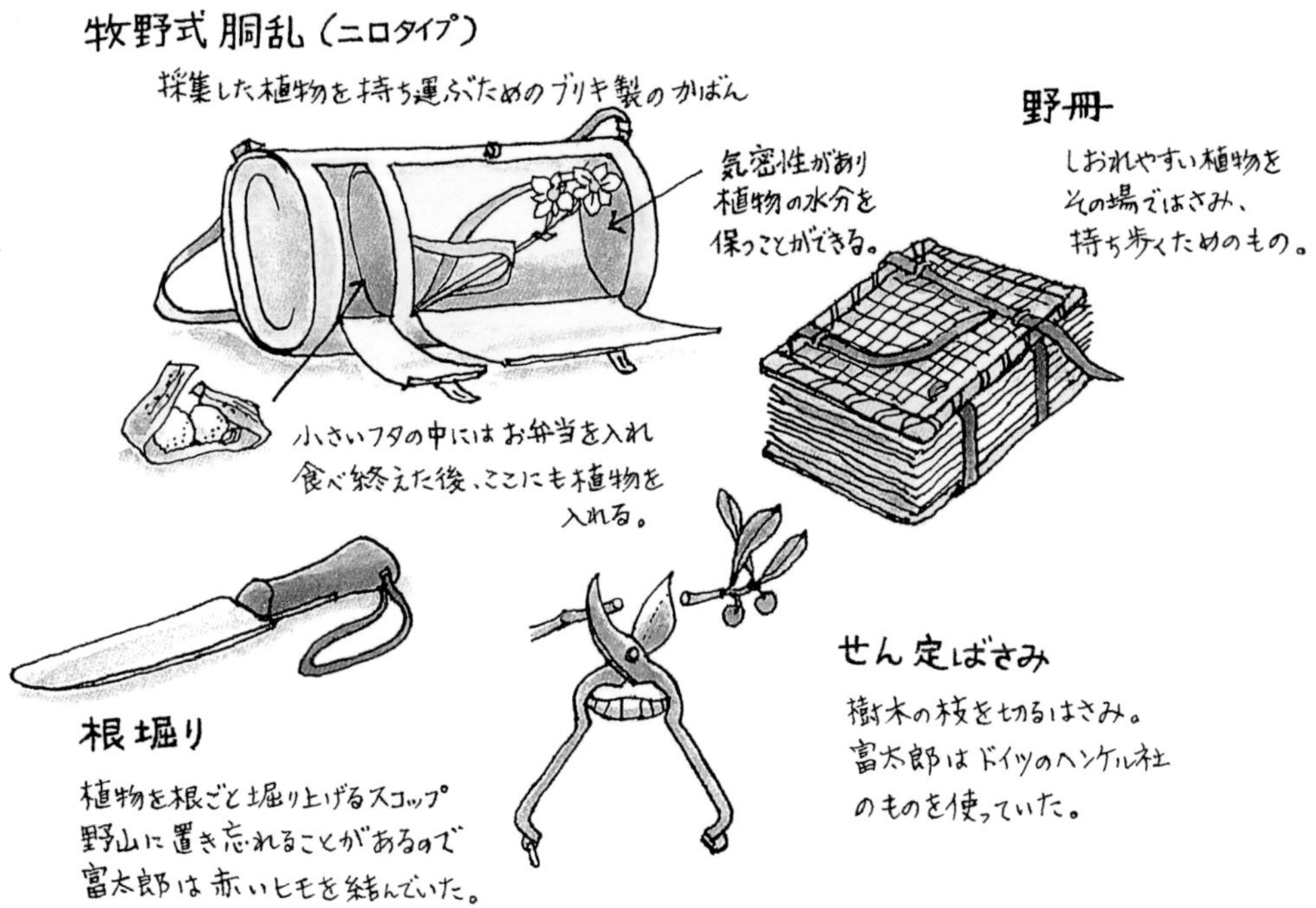

昭和12（1927）年の
採集会にて。

採集の心得

「植物採集には特別な道具を必要としない」。富太郎はこう言っていますが、専門家として愛用している七つ道具はもちろんあります。胴乱と根堀りには特別なこだわりがあり、講義では詳しく説明していました。

また、採集はどこまでも研究のため、自分の知識を深めるために行うもので、遊びやいたずらでとることはつつしむべきだと富太郎は強く訴えています。

トウツバキ

江戸時代に渡来したツバキ

トウツバキは江戸時代に中国から日本へ来たツバキです。日本に自生しているヤブツバキによく似ていますが、ヤブツバキより濃い真紅色の、大きな花を咲かせます。トウツバキを元に生まれた園芸品種にワビスケ、ベニワビスケ、コチョウワビスケなどがあります。

日本にはヤブツバキを元に開発した園芸種が数え切れないほどあり、それらのツバキが人家の庭先を飾るようになって久しく、長い歴史があります。トウツバキ系統の品種は、子房に毛があるものが多く、ヤブツバキ系統はない場合が多いです。

富太郎が描いた『新撰日本植物図説顕花及羊歯部』第2巻第7集第91図版。1は葉脈、2〜4は雄しべ、5は雌しべと花床。

『牧野植物学全集』刊行

昭和九（一九三四）年、誠文堂（のちの誠文堂新光社）による『牧野植物学全集』の刊行が始まりました。これは、『植物研究雑誌』『植物学雑誌』をはじめとする植物学のメディアや、その他の雑誌に富太郎が寄せた原稿をまとめたもので、一巻約五百ページに数十ページの索引がついた分厚い本で、全六巻、付録一巻。第一巻のタイトルは『日本植物図説集』で、『日本植物志図篇』『大日本植物志』など、富太郎渾身の植物図が集約されています。富太郎は七十四歳、およそ半世紀にわたる仕事をまとめたものでした。

この全集を編集したのが石井勇義です。石井は千葉に「イシヰ・ナーセリー」という園芸店を持ち、その圃場でプリムラなど新しい西洋の花の種をとって販売、人気を博していました。また園芸書や園芸雑誌を多く執筆・発行し、園芸愛好家のなかで広く知られる存在でした。石井はこれらメディアの仕事をフリーランスとして行っていましたが、誠文堂新光社とは、会社を興した原田三夫を通じて特に関係が深く、この版元で多くの本を手がけています。

編集者・石井勇義

編集者としての石井は仕事が速く、『牧野植物学全集』は全六巻がわずか一年余りで完結します。松岡正剛氏『千夜千冊』によると、この全集は「全国で台風のように売れた」（第一七一夜『牧野植物図鑑の謎』）。そして完結の翌年、この出版によって富太郎は朝日文化賞を受賞します。富太郎は一巻の冒頭で石井に謝意をつづっていますが、富太郎の方でも石井主催の雑誌『実際園芸』にひんぱんに寄稿し、惜しみなく助言し、人脈を紹介していたと思われます。親子ほど年の離れた二人の間には、互いに深い友情と信頼がありました。

『石井勇義　ツバキ・サザンカ図譜』（津村尚／編　山田壽雄／図）によると、石井は幼いころから植物好きで、採集して写生などを繰り返していました。好きでない授業は受けないという質で、中学校は中退扱いとなり、専検（現在の大学入学資格検定）を受験して上級の学校で植物学を学ぼうと考えましたが、中学校の教師から、教師となるより自分の好きな道を進むようにすすめられました。石井は牧野富太郎や三好学の著作を読んでいたので、富太郎の生活苦についても知識があり、貧乏な学者は止めて園芸で身を立てようと決意しました。

石井のツバキ研究

日本の園芸は江戸時代に飛躍的に

本邦に於ける
高山植物研究の歴史
東京帝國大學理學部講師 理學博士 牧野富太郎

石井が主催していた園芸雑誌『実際園芸』の臨時増刊号。巻頭には写真を大きく配置したグラビアページがあり、幅広い読者を獲得していた。この号で、富太郎は高山植物研究の歴史について詳細につづっている。

発展し、野生の樹木や草花を元に作られた園芸品が次々登場し、世界有数のレベルに達していました。ツバキは秀忠が好んだ花で、これが江戸の園芸ブームの大元だと言われています。十七世紀前半には、すでに百を超えるツバキの園芸品種が生まれており、華やかな図譜が残されています。

石井はあるときから日本古来の園

芸に興味をもち、なかでも特にツバキやサザンカに注目するようになります。富太郎とともに埼玉・安行の有名な植木屋「好樹園」をたびたび訪れ、主人の中田と交流を深めています。富太郎は著作の中でツバキは日本の名花であるとし、しかしあまりにも世間にあふれているので注意を引かないのだとしています。そして、西洋ではツバキに対して大変な趣味があり、大昔から苗木を移植し、その図説が立派な書籍としてとっくの昔に出版されており、日本はとんと顔負けしていると嘆いています。

　石井は次第にツバキの園芸品種の研究にのめり込み、図譜を作ることを思い立ちます。なにより必要なのが正確で美しい図を描く画家で、それが山田壽雄《としお》でした。

富太郎の片腕の植物画家・山田壽雄

　山田壽雄は、東大植物学教室で富太郎の指導の下に腕を鍛えた、一流の植物画家でした。富太郎は多忙を極めており、なかなか全ての図版を自ら手がけることが難しく、自分の眼鏡にかなう画家を必要としていました。富太郎は山田の才能を見抜き、指導に力を入れたのでしょう。『石井勇義　ツバキ・サザンカ図譜』によると、画材も全て富太郎仕込みの一流品をそろえ、「活かし箱」を使うことも富太郎から学んでいます。

　山田は次第に富太郎の信頼を得て図鑑や記事の図を任されるようになり、富太郎にとってなくてはならない存在になります。山田がほかの学者の仕事を請け負うことをとても嫌がり、「恋人を失ったようだ」と涙したといいます。しかし、石井がツバキの図譜を作るにあたっては山田を紹介し、石井渾身の仕事を支えました。

　しかし、石井はこの図譜の完成を待たずに、昭和二十八（一九五三）年に急逝します。左ページの図は平成元年に石井の遺族によって国立国会図書館に寄贈されたもので、図は富太郎の筆による帙《ちつ》（書物を包む覆い）に包まれていました（左）。石井の墓碑銘には「自然は神の賜　花は自然の姿」という富太郎の言葉が刻まれています。

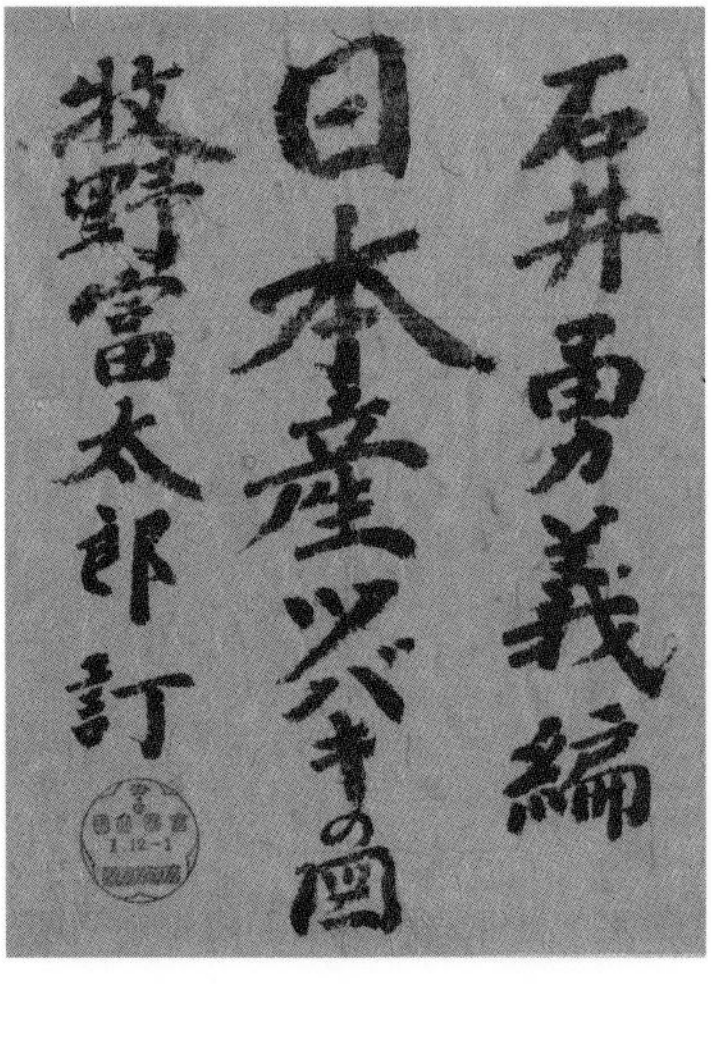

Hagoromo
Torinoko

牧野日本植物図鑑

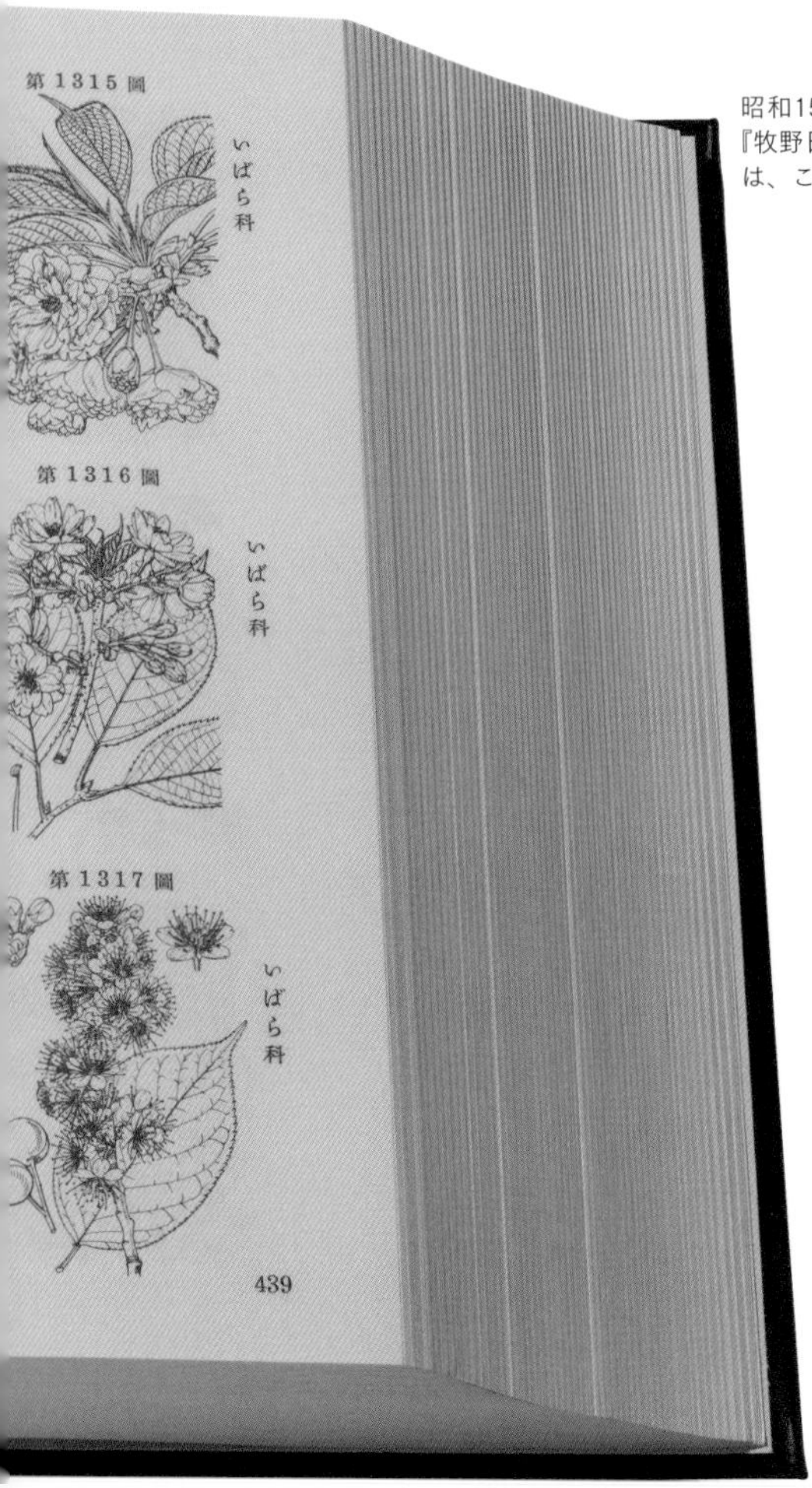

昭和15年当時の初版本を復刻した『牧野日本植物図鑑　復刻版』。現在は、この縮刷版を販売中。

図鑑という結実

昭和十五（一九四〇）年、出版社は北隆館、『牧野日本植物図鑑』が出版されました。掲載した植物の数は三二〇六種。現在確認されている日本の植物は七千〜八千種であることを考えると、三分の一から半分までが網羅されていることになります。一ページに三種類ずつが等分され、文章は横書き。レイアウトは整然としていますが、植物図と解説文が各自のスペースギリギリまで満ちあふれ、自ずと著者の熱量が感じられるのがこの図鑑のおもしろいところです。むらさきつゆくさ、やぶみょうがの次に「あななす（パイナップル）」が登場する驚きも楽しく、野菜も果物も有用植物であるという富太郎の主張が読み取れます。

　これはまさしく、富太郎がずっと目指してきた「見やすく、わかりやすく、しかも充分に詳しい説明のある図鑑」そのもの。富太郎は七十八歳にして、植物学に捧げた長い時間の結実を、一つ手にすることができたのです。

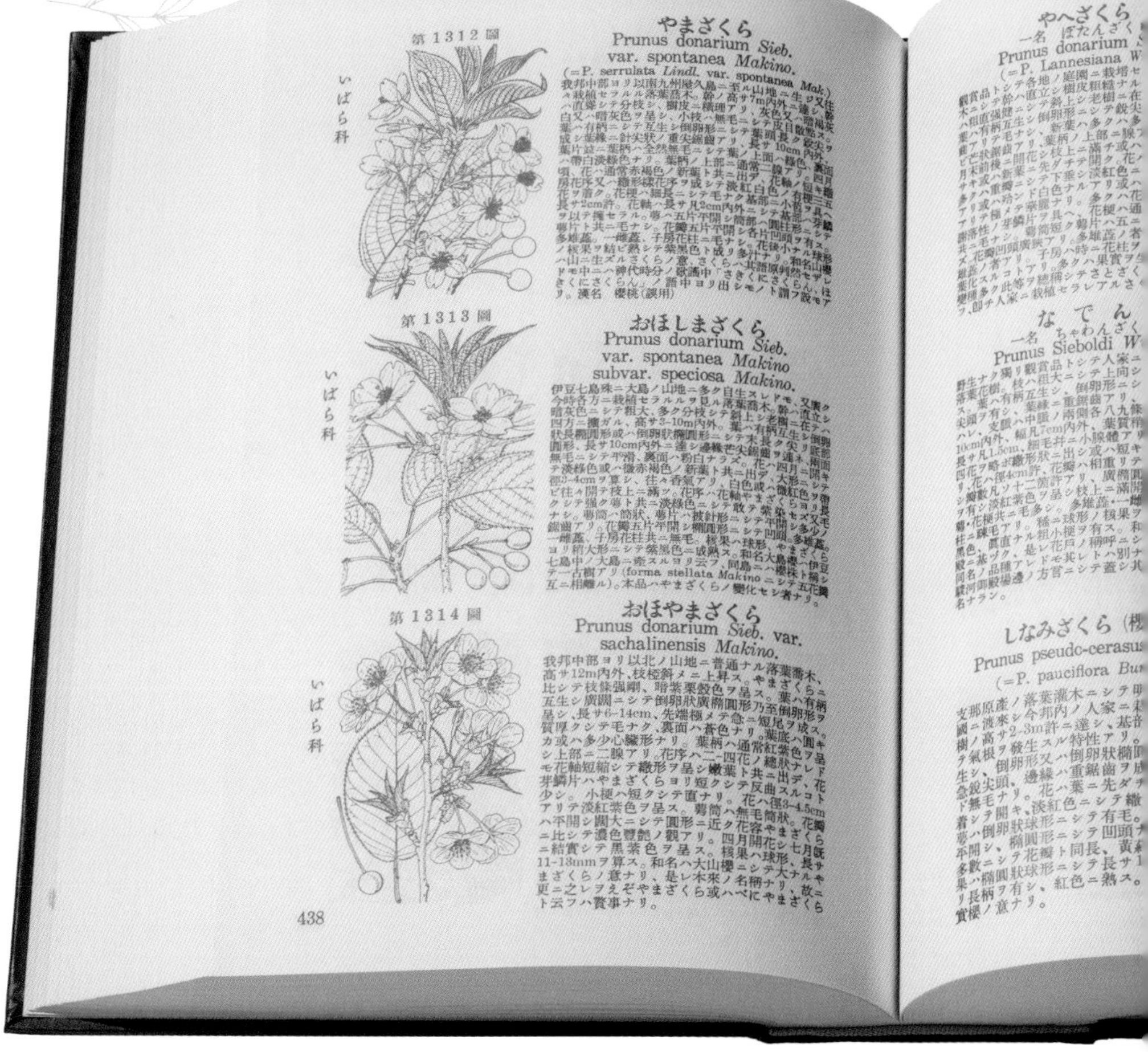

『牧野植物学全集』で朝日文化賞を受賞したのち、富太郎は大学へ辞表を提出。長年勤めてきた講師を辞めました。理由は推し量るしかありませんが、『牧野植物学全集』が売れてまとまった印税が入り、『牧野日本植物図鑑』は佳境を迎え、出版の仕事と採集を両立させるためには、大学を辞した方が自由に動けると思ったのかもしれません。『牧野日本植物図鑑』が世に出たのは、大学を辞めた翌年でした。

松岡正剛氏は自身のサイト『千夜千冊』（一七一夜『牧野植物図鑑の謎』）で、自身もこの図鑑で植物を覚えたと書き、富太郎について次のように述べています。「ぼくにはやはり、このひとは〃神様〃である。実は「図鑑」というものを日本で最初に発明した〃編集の神様〃でもあった」。

昭和15（1940）年の『牧野日本植物図鑑』、冒頭のキク科のページ。

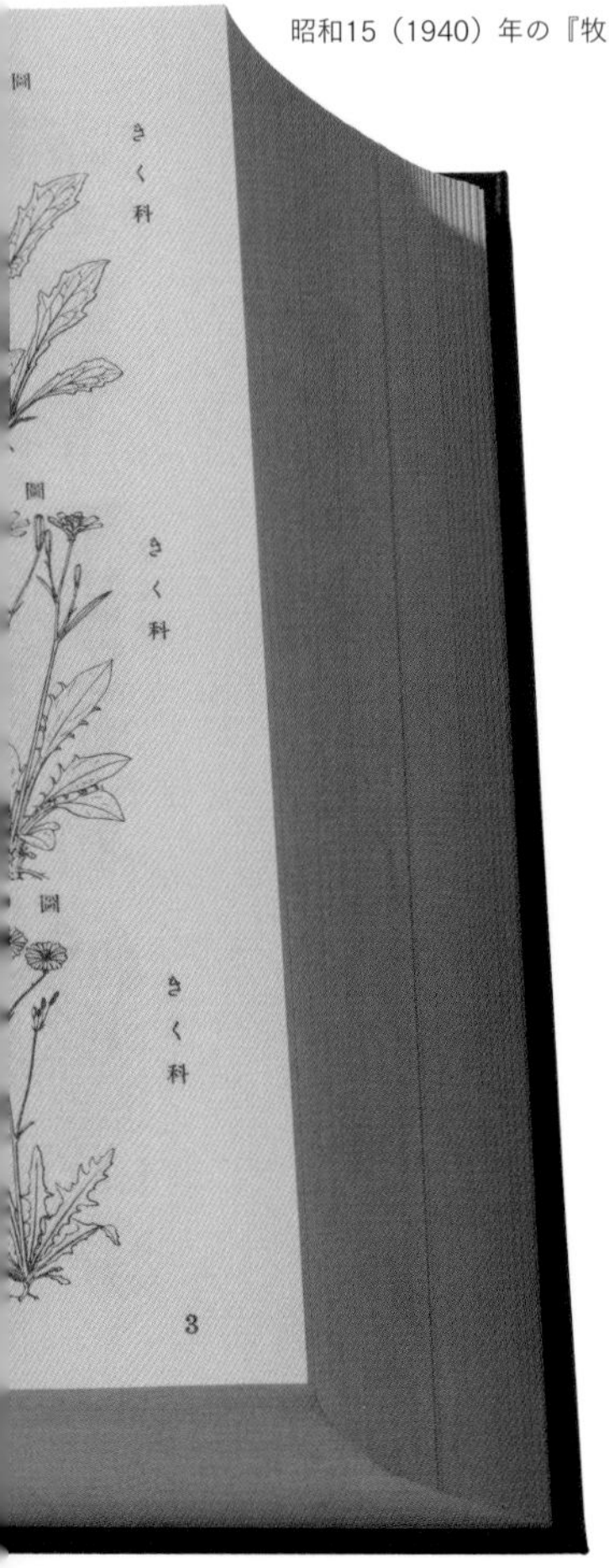

植物学教室の総力戦

この図鑑に至るまで、富太郎はいくつか「植物図鑑」を作っています。最初の「植物図鑑」は、明治四十一（一九〇八）年の『植物図鑑』（北隆館／参文舎）。縦に長い判型で文章は縦書き、植物図はシンプルで、最小限の情報量で構成されている印象です。ここから『牧野日本植物図鑑』までのプロセスは、田中純子氏『向坂道治と牧野富太郎の交流』に詳しく報告されています。

それによると、北隆館から『植物図鑑』の改訂を頼まれた東大植物学教室の助教授・三宅驥一《きいち》が、富太郎を説得するところから始まります。採集ばかりしている富太郎に業を煮やした三宅は富太郎を旅館にカンヅメにし、新たな植物図鑑の原稿を富太郎に語らせ、口述筆記を実践。この成果が大正十四年の『日本植物図鑑』になり、二五〇〇種を掲載した図鑑となりました。

このころ印刷技術が近代化され、出版界は活況を呈してきます。富太郎が『日本植物図鑑』に満足していなかったこともあり、北隆館はさらに本格的な植物図鑑の企画を立ち上げます。昭和六（一九三一）年、いよいよ『牧野日本植物図鑑』の製作が始まりました。ところが富太郎は採集ばかりでなかなか執筆せず、再び業を煮やした三宅は、今度は東大植物学教室に相談を持ちかけます。その結果、植物学教室総出で富太郎の仕事を支えることになり、分担して原稿の下書きを作成、富太郎が修正することになりました。

『牧野日本植物図鑑』の冒頭で、富太郎は三宅をはじめとする植物学教室の人々に謝意を述べていますが、人名を連ねるのに二ページほど使っています。それほどの総力戦ができたのは、富太郎の仕事を間近で見てきた人々がこの価値を認めていたからにほかなりません。九年越しで図鑑は完成、自費で『日本植物志図篇』を出してから五十二年が経っていました。

第4圖

きく科

おにのげし

Sonchus asper *Vill.*

(=S. oleraceus *L.* subsp. asper *Hook. fil.*)

路傍荒地ニ生ズル歐洲原産ノ二年生草本ニシテ明治年間ニ我邦ニ入リ今ハ諸處ニ野生ス。のげしニ似テ更ニ壯大、高サ40–120cm許アリ。莖ハ粗大ニシテ中空、多數ノ縱稜線アリテ蒼綠色ヲ呈シ切レバ白乳液ヲ出ダス。葉モ亦蒼綠色ヲ呈シ、單ナル齒緣或ハ羽狀ニ缺刻シ、共ニ強剛ナル刺狀ノ齒牙ヲ具ヘ、葉底ハ圓頭ノ耳垂片ヲ以テ莖ヲ抱ク。根生セル苗葉ハ地面ニ偏シテ四方ニ擴リ往々其葉面ニ白斑アリ。春ヨリ夏ニ亙テ莖頂并ニ枝端ニ開花ス。頭狀花ハ徑2cm内外、全部舌狀花ヨリ成ル。花冠ハ黃色、冠毛ハ汚白色ニシテ軟ナリ。瘦果ハ卵狀橢圓形ニシテ壓扁セラレ、兩面ニ三縱脈アレドモ、のげしノ如キ皺紋ナクシテ平滑ナリ。野外往々本種トのげしトノ間種ヲ見ル、之レヲ S. oleraceo-asper *Makino.* ト稱シ其和名ヲあひのげしト云フ。和名鬼野罌粟ハ其葉ノ刺強ク且繁多ナレバ斯ク云フ。

第5圖

きく科

はちぢゃうな

Sonchus arvensis *L.*

var. uliginosus *Trautv.*

本邦中部以北ノ海邊ノ地、或ハ原野ニ生ズル多年生草本ナリ。地下莖ヲ引キテ繁殖シ、莖ハ高サ60cm内外。葉ハ互生シ、無柄ニシテ廣キ披針形ヲ成シ、邊緣ニ大小ノ齒アリ。白綠色ヲ呈シ、毛ナシ。秋時梢ニ枝ヲ分チ、黃色舌狀花ヨリ成ル頭狀花ヲ着ク。

第6圖

きく科

ふくわうさう

Prenanthes acerifolia *Benth.*

山地ニ生ズル多年生草本。莖ノ高サ60cm餘、葉ハ互生シ、大缺刻五–七尖起ヲ有スル掌狀羽裂ノ廣卵形ニシテ、裂片ハ鋭尖頭ヲ有シ、邊緣ニ不齊ノ鋭鋸齒ヲ具フ。根葉ハ長柄ヲ有シ、柄ノ本ハ廣ガリテ莖ヲ擁シ、葉底ハ葉柄ニ流ル。秋日梢上ニ枝ヲ分チ、青白色ヲ呈スル長形ノ頭狀花ヲ開ク。各頭花ハ凡ソ十箇許リノ舌狀花ヨリ成リ、雌蕊長ク抽出ス。莖・葉ヲ斷テバ白汁ヲ出ス。和名ハ伊勢ノ福王山ニ基ク。

2

にがな

Lactuca dentata *Makino.*

普通山野ニ生ズル多年生草本。莖ハ細ク高サ30cm内外、細長キ葉ハ不齊ニ羽裂シ、且ツ刺狀齒ヲ有ス。初夏莖ニ枝ヲ分チテ黃色頭狀花ヲ生ズ。通常五箇ノ舌狀花冠アリ。時トシテ尚之ヨリ多キコトモアリ。冠毛ハ茶色ナリ。莖葉共ニ白乳液ヲ有シ、味苦シ、故ニ苦菜ノ意ノ和名アリ。漢名 黃瓜菜(慣用)

たかねにがな

Lactuca dentata *Makino*

var. alpicola *Makino.*

(=Ixeris alpicola *Nakai.*)

本州中部以北ニ於ケル高山帶ノ向陽地ニ生ズル多年生草本ニシテ高サ10cm内外アリ。莖ハ直立シ瘦細ニシテ疎ニ分枝ス。葉ハ少數、根際ヨリ出デ、披針形ニシテ鋭頭、疎ニ刺狀ノ齒牙ヲ有シ、全體、綠白色ヲ呈シ乾ケバ暗色ト成ル。盛夏ノ候、莖梢ニ疎ナル繖房狀ヲ成シテ少數ノ頭狀花ヲ着ク。頭狀花ハ比較的大形ニシテ徑2cm、舌狀花ノミヲ以テ成リ、其數十箇内外ヲ算ス。總苞ハ圓柱形ニシテ總苞片ハ一列ヨリ成ル。花冠ハ黃色ヲ常トスレドモ又往々白花或ハ淡黃白花ノ者ヲ見ル。冠毛ハ褐色ヲ呈シ、長カラズ。和名ハ高嶺苦菜ニシテ高山ニ生ズルにがなノ意ナリ。

たかさごさう

Lactuca chinensis *Makino.*

原野ノ陽地ニ生ズル多年生草本。莖ハ直立シ、高サ30cm許。葉ハ脚部ニ多ク、狹長ニシテ羽裂スルヲ常トスレドモ、又全邊或ハ粗齒緣ヲ成スコトアリテ白綠色ヲ呈シ、莖葉ハ疎ニ互生シ底部莖ヲ抱ク。全體質軟ナリ。初夏梢頭ニ分枝シ、舌狀花ヨリ成ル頭狀花ヲ着ケ、總苞ハ圓柱形ヲ成シ長サ1cm許、舌狀瓣ハ白質ニシテ外面淡紫色暈ヲ呈ス。

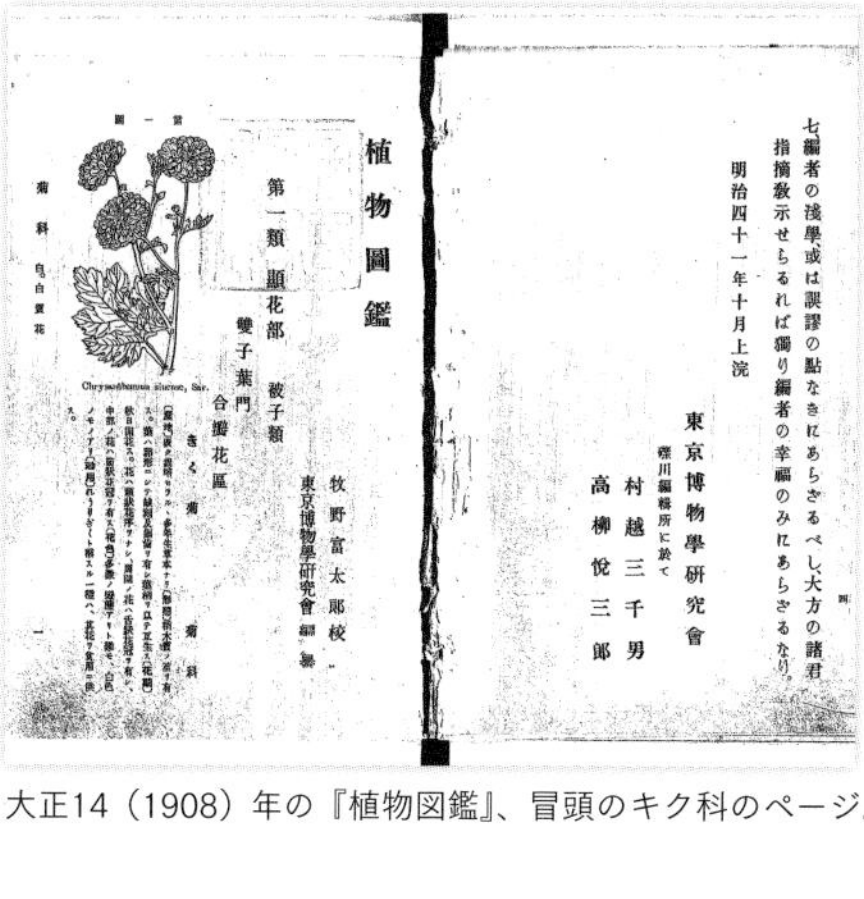

七、編者の淺學、或は誤謬の點なきにあらざるべし、大方の諸君指摘敎示せらるれば獨り編者の幸福のみにあらざるなり。

明治四十一年十月上浣

東京博物學研究會

礫川編輯所に於て

村越三千男

高柳悅三郎

植物圖鑑

牧野富太郎校

東京博物學研究會編纂

第一類 顯花部 被子類

雙子葉門

合瓣花區

きく科

第一圖

菊科

Chrysanthemum sinense, Sav.

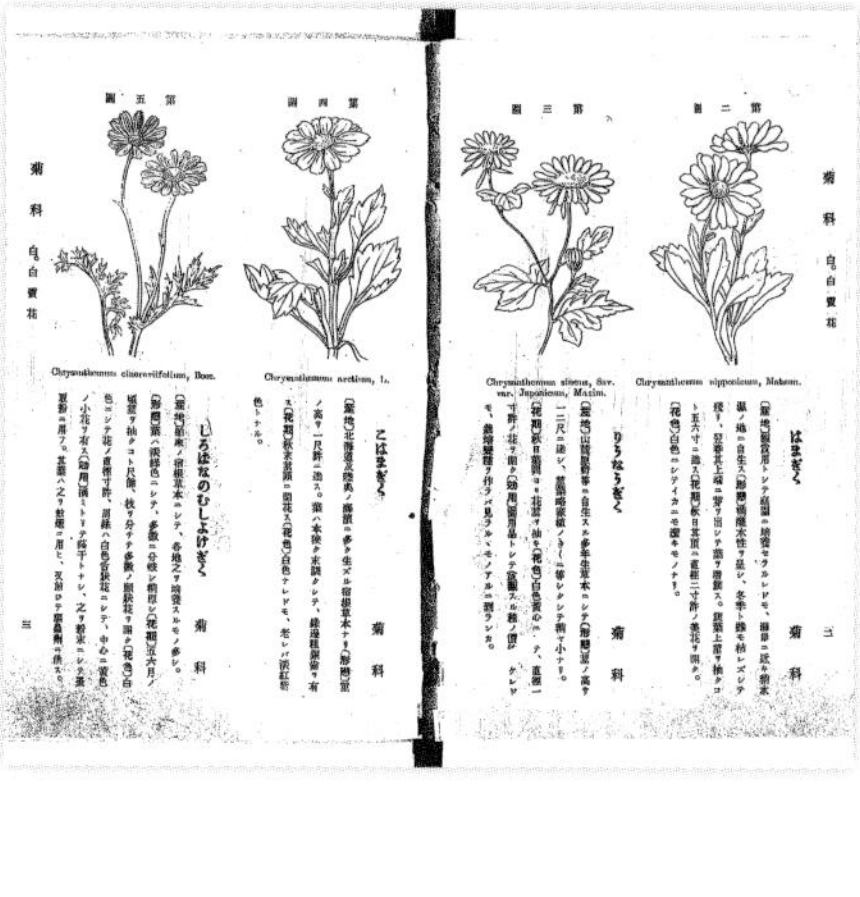

第二圖

菊科

はまぎく

Chrysanthemum nipponicum, Matsum.

第三圖

菊科

りうなうぎく

Chrysanthemum sinense, Sav. var. Japonicum, Maxim.

第四圖

菊科

こはまぎく

Chrysanthemum arcticum, L.

第五圖

菊科

しろばなのむしよけぎく

Chrysanthemum cinerariifolium, Bocc.

大正14（1908）年の『植物図鑑』、冒頭のキク科のページ。

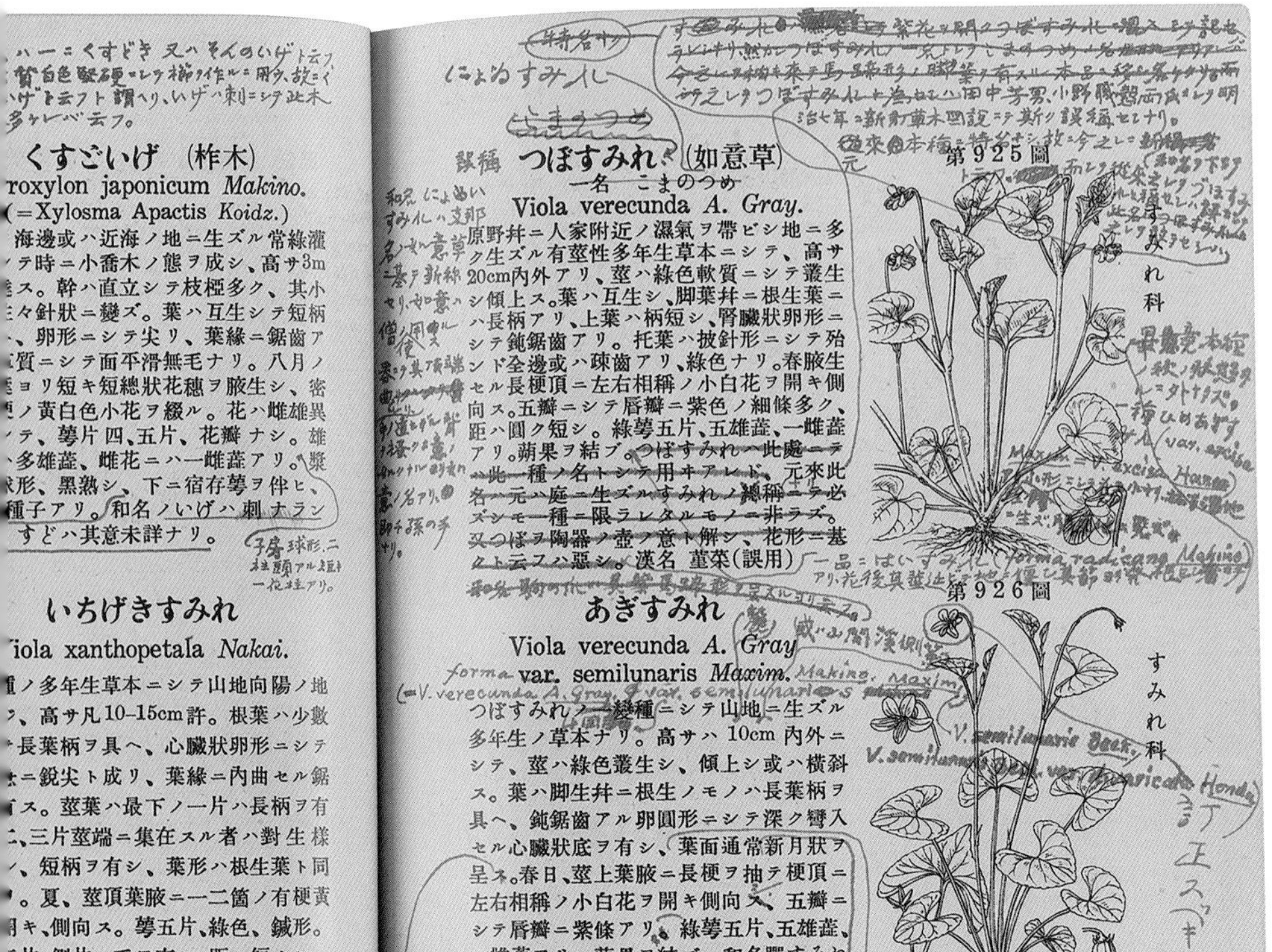

くすごいげ　(柞木)
roxylon japonicum *Makino.*
(＝Xylosma Apactis *Koidz.*)
海邊或ハ近海ノ地ニ生ズル常綠灌
ィテ時ニ小喬木ノ態ヲ成シ、高サ3m
達ス。幹ハ直立シテ枝椏多ク、其小
主々針狀ニ變ズ。葉ハ互生シテ短柄
、卵形ニシテ尖リ、葉緣ニ鋸齒ア
質ニシテ面平滑無毛ナリ。八月ノ
ヨリ短キ短總狀花穗ヲ腋生シ、密
ノ黃白色小花ヲ綴ル。花ハ雌雄異
テ、萼片四、五片、花瓣ナシ。雄
多雄蕋、雌花ニハ一雌蕋アリ。漿
球形、黑熟シ、下ニ宿存萼ヲ伴ヒ、
種子アリ。和名ノいげハ刺ナラン
すどハ其意未詳ナリ。

いちげきすみれ
iola xanthopetala *Nakai.*
ノ多年生草本ニシテ山地向陽ノ地
、高サ凡10–15cm許。根葉ハ少數
長葉柄ヲ具ヘ、心臟狀卵形ニシテ
ニ銳尖ト成リ、葉緣ニ內曲セル鋸
ス。莖葉ハ最下ノ一片ハ長柄ヲ有
、三片莖端ニ集在スル者ハ對生様
、短柄ヲ有シ、葉形ハ根生葉ト同
。夏、莖頂葉腋ニ一二箇ノ有梗黃
キ、側向ス。萼五片、綠色、鍼形。
片、側片ニ毛ヲ有シ、距ハ短カシ。
、一雌蕋。蒴果ハ無毛。

おほばきすみれ
ola brevistipulata *W. Beck.*
ノ多年生草本ニシテ山地ニ生ジ、
5cm內外アリ、地下莖ハ橫臥ス。根
數ニシテ長柄ヲ具ヘ、心臟形ニシ
頂急ニ銳尖ト成リ、葉緣ニ鋸齒ヲ有
質薄ク、通常毛ナシ、主ナル支脈ハ
。莖葉ハ三、四片莖梢ニ接在シ、短
有シテ根生葉ヨリ小シ。夏、莖頂ニ少
有梗黃花ヲ腋生シ、側向ス。萼五片、
形。五花瓣、五雄蕋、一雌蕋アリ、
短囊狀ヲ呈ス。蒴果ハ長楕圓形ナリ。

つぼすみれ　(如意草)
一名　こまのつめ
Viola verecunda *A. Gray.*
原野幷ニ人家附近ノ濕氣ヲ帶ビシ地ニ多ク生ズル有莖性多年生草本ニシテ、高サ20cm內外アリ、莖ハ綠色軟質ニシテ叢生シ傾上ス。葉ハ互生シ、脚葉幷ニ根生葉ハ長柄アリ、上葉ハ柄短シ、腎臟狀卵形ニシテ鈍鋸齒アリ。托葉ハ披針形ニシテ殆ンド全邊或ハ疎齒アリ、綠色ナリ。春腋生セル長梗頂ニ左右相稱ノ小白花ヲ開キ側向ス。五瓣ニシテ唇瓣ニ紫色ノ細條多ク、距ハ圓ク短シ。綠萼五片、五雄蕋、一雌蕋アリ。蒴果ヲ結ブ。つぼすみれハ此處ニテハ此一種ノ名トシテ用ヰアレド、元來此名ハ元ハ庭ニ生ズルすみれノ總稱ニテ必ズシモ一種ニ限ラレタルモノニ非ラズ。又つぼヲ陶器ノ壺ノ意ト解シ、花形ニ基クト云フハ惡シ。漢名　菫菜(誤用)

第９２５圖
すみれ科

あぎすみれ
Viola verecunda *A. Gray*
var. semilunaris *Maxim.*
つぼすみれノ一變種ニシテ山地ニ生ズル多年生ノ草本ナリ。高サハ10cm內外ニシテ、莖ハ綠色叢生シ、傾上シ或ハ橫斜ス。葉ハ脚生幷ニ根生ノモノハ長葉柄ヲ具ヘ、鈍鋸齒アル卵圓形ニシテ深ク彎入セル心臟狀底ヲ有シ、葉面通常新月狀ヲ呈ス。春日、莖上葉腋ニ長梗ヲ抽テ梗頂ニ左右相稱ノ小白花ヲ開キ側向ス、五瓣ニシテ唇瓣ニ紫條アリ。綠萼五片、五雄蕋、一雌蕋アリ。蒴果ヲ結ブ。和名腭すみれハ葉形ニ基ク。

第９２６圖
すみれ科

えぞのたちつぼすみれ
Viola acuminata *Ledeb.*
我邦中部以北ノ山地山麓ニ生ズル有莖性ノ多年生草本ニシテ、高サ20–30cm許アリ。莖ハ圓柱形ニシテ直立シ、通常數條叢生ス。葉ハ互生シ、下葉ハ長柄ヲ有シ、上葉ハ短柄ヲ具フ、心臟狀卵形ニシテ邊緣ニ鈍鋸齒アリ。托葉ハ長橢圓形ニシテ邊緣ニ櫛狀ノ細齒ヲ列ス。初夏ニ莖ノ上部葉腋ニ長梗ヲ出シテ梗頂ニ左右相稱ノ淡紫色ノ小形花ヲ開キ側向ス。五瓣ニシテ唇瓣ニ紫條アリ、距ハ短シ。綠萼五片、五雄蕋、一雌蕋アリ。蒴果ヲ結ブ。

第９２７圖
すみれ科

309

『牧野日本植物図鑑』初版に書き込まれた、富太郎の赤字。

修正への執念

『牧野日本植物図鑑』は、四年後に四版、戦後昭和二十三（一九四八）年に五版、その後も重版を重ねていきます。しかし富太郎は、この図鑑に全く満足していませんでした。初版本の冒頭で、富太郎は出版の喜びや謝意を連ねる一方で次のような発言もしており、発売前からすでに修正と増補を考えていたことがわかります。

「しかし、本書はなお小生の理想には遠いものであることを白状する義務を小生は有する。故に小生に取りては本書に対し何となく物足りない実感が我が胸一杯である。止むなくこれは将来漸次の改善に待つよりほか致し方ないものである」。原稿の精査が足りない。植物図も変えたいものが多い、掲載種もまだ足りない。富太郎の図鑑への思いは、執念に等しいものでした。

富太郎は初版本を常に手元に置き、修正の赤字をびっしり書き込んでいきました。牧野植物園に保存されている現物を見ると、改めて富太郎の執念を感じるとともに、これを読み解いて修正版を作る版元と印刷所の苦労がしのばれます。

また、出版直後から小型の学生版の編集作業が始まっており、これを主導したのが向坂道治でした。三宅の下で『植物図鑑』の改訂作業のアルバイトをしたのが始まりで、前出の『向坂道治と牧野富太郎の交流』によると、向坂は富太郎と版元の信頼を得て、その後も富太郎の図鑑編集の裏方を勤め、本人いわく「自分のちっぽけな研究をするより、大牧野の知識を結集してやろうと決心した」。向坂の働きで学生版は九年後に完成、その後も修正などを加えながら現在も版を重ねています。

念願の『牧野日本植物図鑑』増補版は、東大植物学教室出身の原寛、津山尚、前川文夫が富太郎の修正をまとめあげ、昭和三十（一九五五）年に出版されました。富太郎が九十三歳の年でした。

クチナシグサ

クチナシのような実をつける草花別名カガリビソウ

クチナシグサはスゲ類に寄生しつつ、自分で光合成も行う半寄生植物です。四月から六月にかけて花を開き、クチナシに似た実をつけます。この実の形を篝火と見立て「カガリビソウ」の呼び名もあります。

富太郎が三好学と採集に出た際にこの植物を見つけ、自分の見知らぬ草を三好はすぐに「カガリビソウだ」と断定し、その知識に感心した思い出がありました。左の標本は七十三歳のとき、自宅付近で採集したものです。採集しながら、若いころを思い出していたのかもしれません。

昭和10（1935）年、富太郎が採集したクチナシグサ。自筆で大泉とあるのは、自宅のある東大泉近辺のこと。

クチナシグサの半年

積もり積もって四十万点

「博士自身の採集品は、同一日付で同じ場所（例えば同じ地名）でかなり大量の枝や草本が採取され、何十個もの束をなしていた」。のちに富太郎の標本整理にあたった牧野標本館の記念誌には、こんな一文があります。気に入った植物があるとそこに座り込み、時を忘れて採集するの

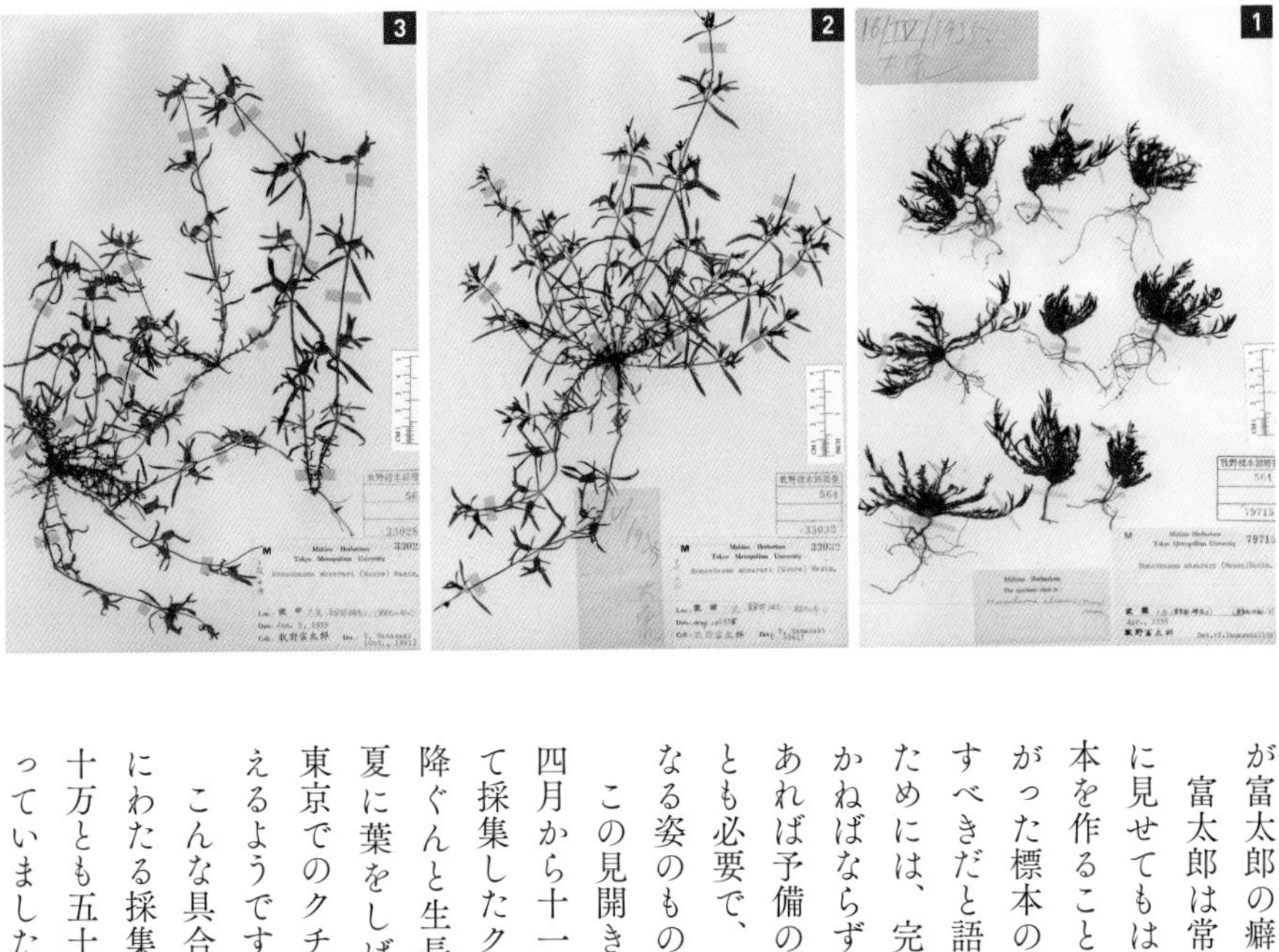

が富太郎の癖でした。

富太郎は常々、採集する際はだれに見せてもはずかしくない立派な標本を作ることを考え、頭の中に仕上がった標本の姿を思い浮かべて採集すべきだと語りました。そしてそのためには、完全な姿のものを選びぬかねばならず、それが珍しいものであれば予備のひと株をとっておくことも必要で、さらに、別の時期の異なる姿のものもあれば、なお良い。

この見開きの標本は、自宅近くで四月から十一月まで、六回にわたって採集したクチナシグサです。春以降ぐんと生長して初夏に花をつけ、夏に葉をしげらせ、晩秋に枯れる。東京でのクチナシグサの生活史が見えるようです。

こんな具合に行われた半世紀以上にわたる採集の結果、標本の数は四十万とも五十万とも言われる量になっていました。その中には、富太郎

の個人的なネットワークを通じて送られてきた全国各地の標本も含まれていて、植物の分布や地域による変異などを探るための貴重なデータとなりました。

神戸からの里帰り

このころ、富太郎の標本の半数は神戸の池長植物研究所にありました。定期的に神戸へ来て標本整理と研究をする約束が守られず、池長は援助を打ち切りましたが、標本は収蔵されたままでした。池長と富太郎は没交渉になり、標本は宙に浮いたまま膠着状態が続きましたが、朝日文化賞を受賞したり、図鑑が出版されたりするうちに、事態が動き始めます。

植物同好会で富太郎と懇意にしていた華道家の安達潮花が、大量の標本をおさめる標本庫を大泉の自宅敷地内に建て、寄贈してくれることになったのです。収蔵場所が確保されたことで、池長は標本を富太郎に返却すると決めました。池長の方でも、情熱を傾けていた南蛮美術の収集が実を結び、池長美術館を完成することができました。双方が実りの時期を迎えたこの機会に、長年の問題を解決して身軽になりたかったのでしょう。

「二度と流出しないようにしてほしい」。池長の手紙にはそう書いてありました。富太郎は前出の石井勇義とともに飛ぶように神戸へ行き、標本や本を整理、発送しました。二十五年ぶりの返還は、心配していた我が子の帰宅そのものでした。

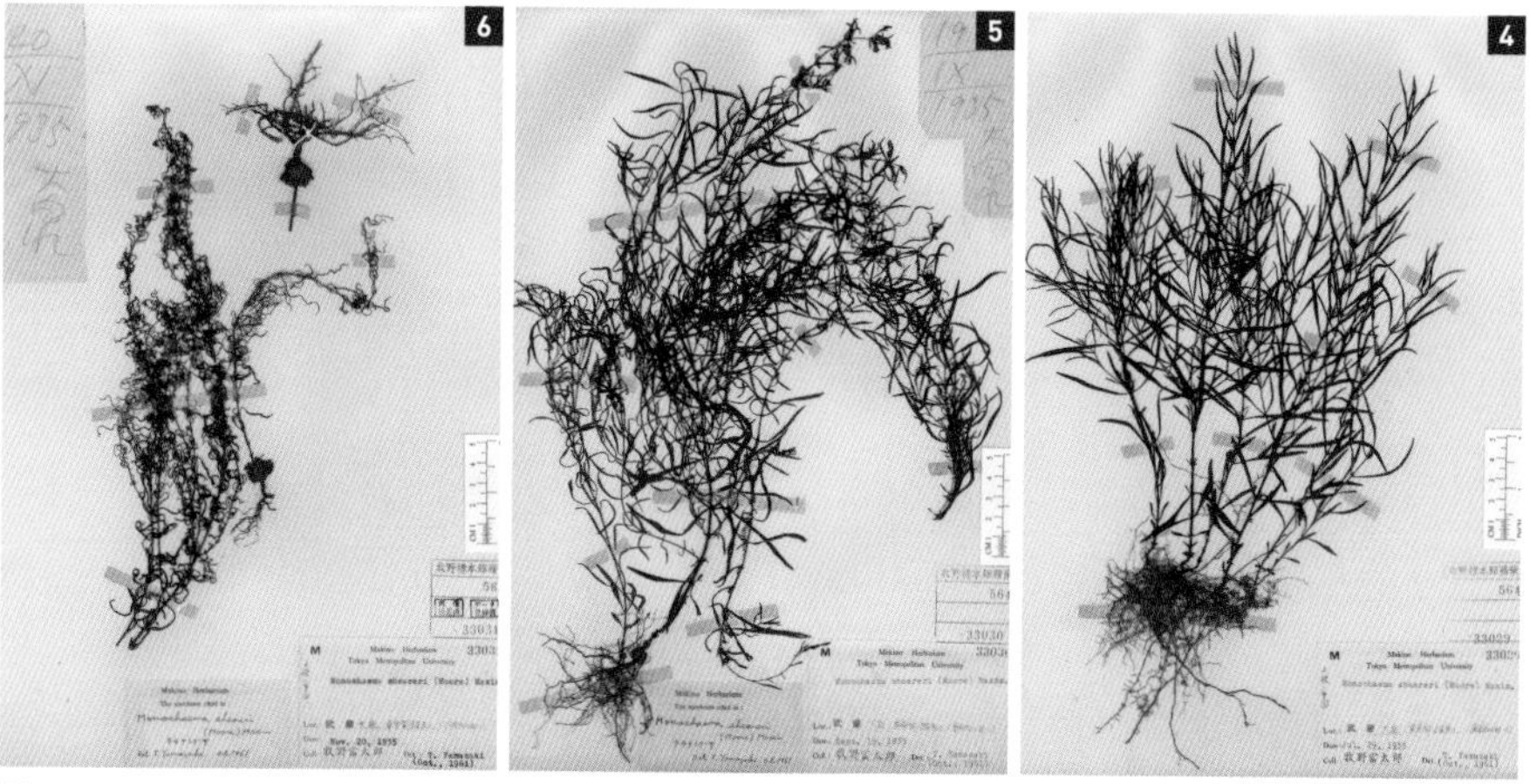

1 4月。まだ株は小さい。
2 5月。花が咲いている。
3 6月。実を結んでいる。
4 7月。実が落ち、茎が伸びて葉がしげる。
5 9月。茎はさらに伸び、葉の数も増える。
6 11月。枯れ始めている。

クララ。外来種のような名前だが、在来種。根をかむとクラクラするほど苦いためについた名前だという。根に、解熱・解毒・抗菌作用がある。

戦火が迫り、疎開する

昭和二十（一九四五）年、戦火は東京へ迫り、空襲が頻繁になりました。家には娘の鶴代と香代、孫の澄子がいて、毎晩のように四人で防空壕へ避難する日々が続いていました。次第に富太郎は体調をくずすようになり、鶴代は疎開するよう説得しますが、富太郎はなかなか聞き入れず、「標本と本と心中する」と言うのです。しかしある日家の門の近くに爆弾が落ちると、さすがに命の危険を感じたのか、富太郎は疎開を受け入れ、一家は疎開することになりました。

疎開先は山梨の穂坂村。東大の遺伝学講座がつてをたよって疎開した先に、富太郎も身を寄せました。養蚕用の土蔵を借り、娘たちが運んできた本と標本が積み重ねられ、リンゴ箱二つが机になりました。

右／ツクシハギ。左／ツルウメモドキの果実。

疎開先でも採集する

疎開先での富太郎の暮らしは、田中純子・伊東知恵両氏の「牧野富太郎の『疎開日記』―解説と翻刻―」で明らかにされています。

それによると、富太郎は栄養不足と下痢のために体力が落ちて寝込むこともあったものの、散歩や日光浴をして回復に努め、植物採集や植物名の方言収集なども行っていました。ハガキや手紙を方々とやりとりし、東京の空襲を心配しながら、研究は途切れることなく続けられていました。クララについて観察の詳細が英文で記録されているほか、抗菌作用を確かめるべく、葉を厠へ投入してみたこともつづられています。東京の牧野標本館の調査と合わせ、ほかにもツクシハギ、ツルウメモドキなどが採集されていたことが判明しています。ツクシハギは疎開先でとったものを大泉へ持ち帰り、自宅に移植しました。

終戦

疎開日記は六月からしばらく日付がとび、夏の間の記載がありません。『牧野富太郎自叙伝』の「父の素顔」で鶴代が語ったことによると、疎開中はじゃがいもばかり食べていたそうで、富太郎は栄養失調で体中がむくみ、体力がかなり落ちていたようです。家族は大変心配しましたが、そのころようやく終戦となりました。

一家が大泉に帰ってきたのは十月二十日のことでした。富太郎は衰弱が激しく、馬車で山を下りてやっとのことで大泉にたどりついたのですが、大泉駅まで来たとたん力が満ちてきて、家が無事なのを見てたちまち元気になりました。そして帰ったその日から執筆を再開したのです。

タイトルは「植物一日一題」。冒頭の一題目が「馬鈴薯とじゃがいも」なのは、疎開中にさんざんじゃがいもを食べたせいかもしれません。

サクラソウ。かつては国内各地に自生していたが、盗掘や環境悪化のために少なくなった。

植物が存在した証し

「ヒトという種と同様に、植物の種も多様な変異をもつ個体の集まりであり、個々の個体は唯一無二の歴史的存在である」。牧野標本館の運営にあたる東京都立大学の加藤英寿助教は、日本緑化センターの機関誌（二〇一五年七月号）に、こうつづっています。

標本があれば、実際の大きさがひと目でわかると同時に、顕微鏡やルーペで細部を観察できます。花や果実を切り取ってお湯で戻して観察したり、DNAの抽出に役立てることもできます。これらは植物の正確な同定に欠かせない作業です。

また標本は、その場所で確かにその植物が生きていたという証拠であり、当時の地域環境を推定する材料になります。左上のサクラソウの標本は、富太郎が明治三十六（一九〇三）

荒川河川敷で富太郎が採集したサクラソウ。江戸時代には、荒川沿いの戸田ヶ原（埼玉県戸田市）や浮間ヶ原（東京都北区）に自生していた。

年に荒川河川敷で採集したものです。現在都内にサクラソウの自生地はありませんが、当時はそんな場所もあったことを示す貴重な標本です。

四トントラック十台分、牧野標本館へ

自宅の標本庫は戦時中に屋根の一部が壊れたため保存状態が危ぶまれ、このまま放置してはいけないという世論が動き出し、東京都立大学に牧野標本館が建てられることになりました。建物は富太郎の没後一年で設立され、大量の標本が運び込まれました。四トントラック延べ十台分が五日間をかけて運ばれる様子はニュース映画でも報道され、大変な関心事であったことがわかります。

標本館は現在南大沢に新築移転し、新たに収蔵されたものを含めた約五十万点が保管され、国内外の研究に活用されています。

五台山に咲く

ビロードムラサキ

晩夏に咲く土佐の紫

ビロードムラサキは、富太郎が高知の五台山で発見・命名した植物で、学名は *Calliarpa kochiana Makino*。枝や葉の全体に白い毛が密生していて、ビロードのような手触りのムラサキシキブという意味で、名付けられました。

紀伊半島以南の本州、四国南部、九州で確認されていますが、富太郎が発表した当時は高知のみの分布とされ、『牧野日本植物図鑑増補版』で富太郎はこうつづっています。「産地は土佐高知の五台山、同高岡郡竜村、同郡久礼村。この種未だ他州に見ず、即ち土佐の特産なり」。

明治25（1892）年12月に富太郎が五台山で採集した、ビロードムラサキ。果実がある。
白いポケットは、標本作製時に脱落した果実などを保存しておくもの。

上／ヒメノボタン。紀伊半島以南で夏に咲く。中／タイキンギク。茎がつる状に伸びる。下／カラムシ。茎の皮から取り出した繊維をひもや縄にした。

恋しいふるさと

終戦以降、富太郎は自宅周辺で相変わらず採集と執筆を続けながらおだやかな日々を過ごしていました。このころの原稿や手紙から、日々募ってくる故郷への思いを読み取ることができます。遺稿となった原稿をまとめた『我が思ひ出』には、少年時代の思い出が細部にわたってつづられています。

ヒメノボタンは佐川町の南に粕谷という場所へ採集に出かけて、見つけました。「西の方に小さい畑が、石垣の上にあり、この石垣の下は小溝があって、鉄錆《かなさ》び色の水がたまっており、その中に鰓総《さいそう》のある箱根山椒魚式の、小さい爬虫動物があった」。「この地にヒメノボタンがあった。土地の人はそれを武者リンドウと呼んでいた。そのときこの植物を描いた写生図が、今手元に残っている」。

タイキンギクは、富太郎が高知県安芸郡の海辺で発見、和名をつけたものです。「十二月に盛んに開花して、その辺一面に黄色を呈しているこの植物は、ただ土佐の一ケ所のみには繁殖しておれど、ほかにはあえて見つからない、珍しいものである。この種は日本の四隣地にはどこにもない、土佐の誇りの植物である」。

子どものころカラムシで遊んだ思い出もありました。「土佐の佐川町ではハヅと言っている。そして子どもが手掌を丸めた穴の所に当てておいてこれを急襲すれば、パンと音がする」。カラムシには体に赤い点のある毛虫がついていたことも、つづられています。

ヤマモモは6月下旬から7月上旬にかけて熟し、収穫できるのはそのうち数日のみという。

ヤマモモ恋しや

「土佐の国の十市村の山には、沢山なヤマモモ、すなわち楊梅の樹があって、時節になるとその土地の人が、ヤマモモ、エー、ヤマモモと声高く、市中を売って歩く」。ヤマモモは傷みが早く、収穫後のほんの数日が食べどきです。富太郎はヤマモモをたいへん恋しがり、しばしば高知の知人にねだっています。

その一人が、武井近三郎です。比叡山の採集会で富太郎の指導を受けて心酔、父の生地である高知へ移り、市内の緑化事業などに従事しました。武井の『牧野富太郎博士からの手紙』には、こんな手紙があります。「高知は程なくヤマモモの実の出盛る頃と相成るべく、これは東京では味はれません」。そこで武井は、夏になると高知で買ったヤモモモを持って上京、富太郎の家に届けました。

エントランスから本館に至るまでのエリアは、土佐の植物生態園。五台山の風が通り抜ける。

五台山に帰る

植物園を造るのは、若いころからの富太郎の夢でした。富太郎を顕彰する植物園の計画が持ち上がり、武井は中心となって計画を動かしました。武井は「昭和二十六（一九五一）年十二月に上京、牧野博士にじかに提案、以後六年をかけ高齢の牧野博士とやりとりを重ね、県や市、財政を動かした」（高知新聞プラス）。

候補地については、富太郎は五台山を希望していました。四国霊場三十一番札所・竹林寺が頂にあり、展望台からは高知市内、さらに広く開けた太平洋を見渡せる景勝地です。若いころから通いつめ、隅々まで知り尽くした山でした。

武井のもとに、植物園の進捗状況をたずねる手紙が相次ぎます。

「その後どんな進行を見せていますか。」「土佐のため一入のご努力を希

上／南園はかつての竹林寺境内で、現在は温室のほか、多くのツツジの仲間が見られる結網山や混々山などがある。下の右／竹林寺の五重塔。下の左／展示館中庭には、富太郎ゆかりの植物約250種植栽されている。

いたく存知ます」。

設立資金の寄付交渉には竹林寺住職・海老塚師が自ら奉加帳を持って各銀行を回り、さらに県内各学校の生徒からも浄財を集めてもらうよう、働きかけました。そして昭和三十二（一九五七）年一月十日、植物園の工事が着工、翌年四月一日、ついに開園の日を迎えました。

当時は温室二棟とわずかな園地のみでしたが、次第に園地面積を拡張、五台山の起伏を生かした園地の中に、富太郎ゆかりの植物など三千種類以上を見ることができます。富太郎は工事着工の数日後に亡くなり、開園を見ることはできませんでした。しかし、ビロードムラサキやジョウロウホトトギスなど、富太郎が名付け親となった植物たちが豊かに四季を彩っています。富太郎はここへ帰り、見事に花開いているのです。

植物と人生

「花は黙っています。それだのに花はなぜあんなに綺麗なのでしょう？　なぜあんなに快く匂っているのでしょう？

思い疲れた夕など、窓辺にかおる一輪の百合の花を、じっと抱きしめてやりたいような思いにかられても、百合の花は黙っています。そしてちっとも変わらぬ清楚な姿でただじっと匂っているのです」。

八十二歳のころこう書いた富太郎は、植物を愛し、敬い、友とし、恋人とし、その熱情に突き動かされながら、思うままの天然自然に生き、九十四年の生涯を終えました。

遺稿となった「植物と人生との密契握手」という文の中に、最晩年の叫びがつづられています。

「植物は昼夜を分かたず、風雨と闘い、寒暑と争い、また乾湿にも堪えてびくともしない。まことに力強く、かつ頑健に生き延びて行きつつある。期せずして到る、天然力の攻勢に抵抗して、最も力強くこれと戦い、わが天からうけ得し生命を全うせんとする植物は、何の種類を例にとっても、もれ無く皆しかりで、いやしくも、その天則に背かん者は、一つも無い。

　ごくかよわい草のツメクサでも、ザクロソウでも、またノミノフスマでも、ないしはアワゴケでも、あえて辟易すること無く、天然の力に支配されつつ、頑健に生きていき、我が系統を絶やさない、事実を確認してみると、それらがよく天然自然に適合して、生々繁殖しつつ行く面白さ、まことにその微妙を感ぜざるを得ないのである」（一部抜粋）。

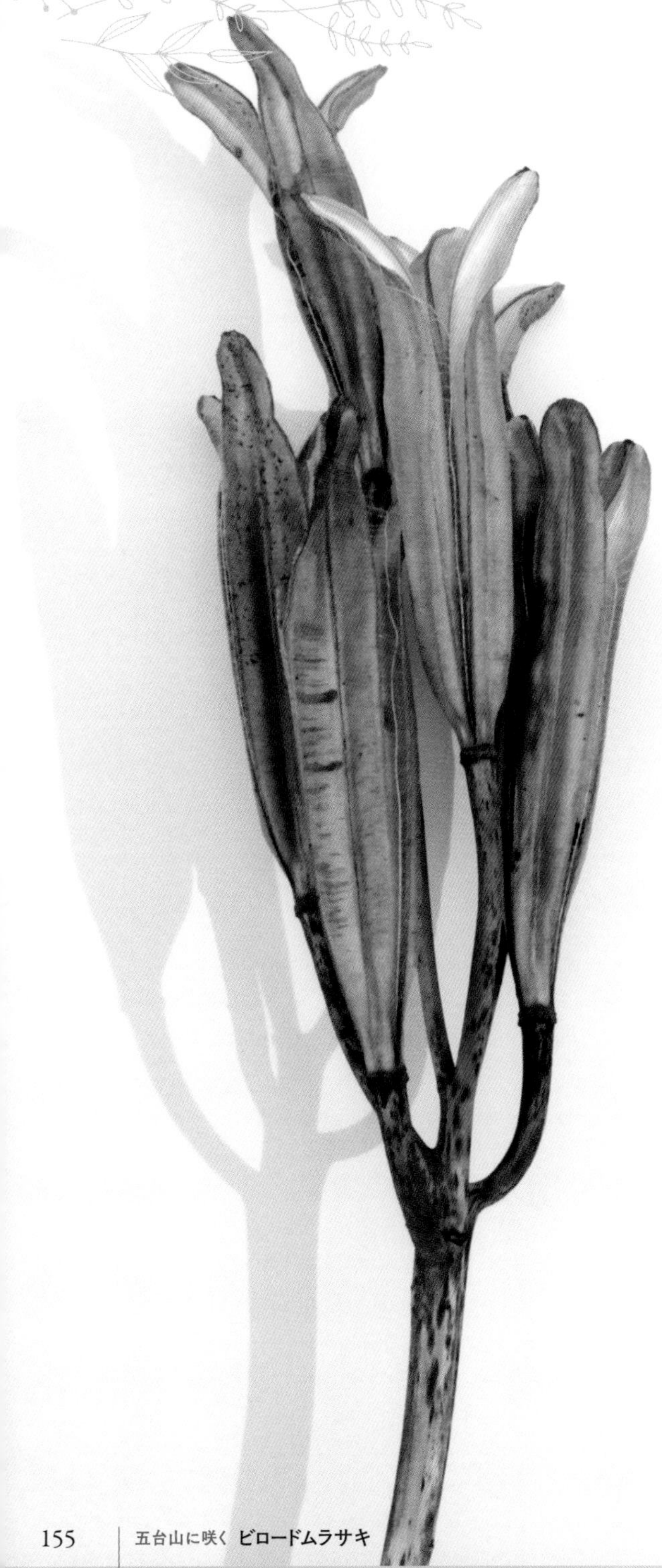

ご提供いただいた写真・図版

この本のために、多くの機関、多くの方々に貴重な画像や写真をご提供いただきました。

この場を借りて、改めてお礼を申し上げます。

●**高知県立牧野植物園**
●**牧野富太郎植物図**　P9バイカオウレン　p19シハイスミレ　p22コシアブラ　p23ウメバチソウ　p35エキサイゼリ　p43ジョウロウホトトギス　p47ウメバチソウ　p48〜49ムジナモ　p55〜56ヤマザクラ　p67ホテイラン　p80〜81ヤッコソウ　p89ノジギク　p129トウツバキ
●**写真**　p21牧野富太郎ポートレート　p78中国春蘭宋梅　p79土佐寒蘭展　p92池長植物研究所の標本と富太郎　p110寿衛ポートレート　p114富太郎と寿衛　p127胴乱を持つ富太郎　p138〜139牧野日本植物図鑑初版の赤字　p152土佐の植物生態園　p153南園・中庭

●**東京都立大学牧野標本館**　p121バナナ標本、p123イッスンキンカ標本、p124ボタンキンバイ標本、p141クチナシグサ標本、p142〜143クチナシグサ標本６点、p147サクラソウ標本、p148ビロードムラサキ標本

●**日本植物学会**　p29ヤマトグサ図、p32『植物学雑誌』創刊号表紙、p33ヒロハノエビモ・ササエビモ図、p37池野成一郎ポートレート

●**株式会社ツムラ**　p97カカオ図、p98『植物研究雑誌』創刊号表紙２点

●**練馬区立牧野記念庭園**　p83同好会記念写真

●**東北大学植物園**　p111スエコザサ標本

●**日本花の会**　p54ヤマザクラ、p60オオシマザクラ、p61ソメイヨシノ、p62カンザクラ（熱海桜）・ヒカンザクラ、p63薄重大島・真鶴桜・仙台屋、p64佐野桜・稚木の桜

●**佐川町役場**　p11佐川町の風景

●**鹿児島県立博物館**　p38精子発見のソテツ

●**いがりまさし**　p18シハイスミレ、p24スミレ、p26〜27各スミレ7点、p69チョウノスケソウ、p101タカサゴユリ、p144クララ、p146サクラソウ

●**鷹野正次**　p20アオテンナンショウ・サカワサイシン、p30アシズリノジギク、p34エキサイゼリ、p42ジョウロウホトトギス、p45コオロギラン、p68ムカゴサイシン、p70コオロギラン、p71ヒメトケンラン、p74カンラン、p75シュンラン、p76ニョホウチドリ・ムカデラン、p77ムギラン・ヨウラクラン、p116サクユリ、p117ヒメユリ、p119ウバユリ、p123イッスンキンカ、p124ボタンキンバイ、p140クチナシグサ、p145ツクシハギ・ツルウメモドキ、p150ヒメノボタン・タイキンギク

●**ゆう　さかな**　p65牧野公園から見た佐川町・牧野公園の桜

●**佐野領**　p153竹林寺

●**国立国会図書館デジタルライブラリー**　p12博物図、p13植学啓原、p16内国勧業博覧会図、p36小石川植物園『東京大学』小川一真／編、p41『桜花図譜』三好学、p52ニコライ堂『日本之名勝』瀬川光之／編、p53東京大学農科大学『東京大学』小川一真／編、p102〜103富太郎書簡、p105春の七草図『児童野外植物のしをり』、p132『日本産ツバキの図』の帙、p133『日本産ツバキの図』、p137『植物図鑑』東京博物学研究会／編、牧野富太郎／校

●**AmanaImages**　p15ハマネナシカズラ、p39下野神崎のナンジャモンジャの木、p51ムジナモの花・ムジナモの捕虫、p90ミヤマキリシマ

●**photolibrary**　p8バイカオウレン、p10バイカオウレン２点、p14アブラチャン、p15ハマゴウ、p22コシアブラ、p28ヤマトグサ、p38ソテツの雄花・雌花、p40コウシンソウ、p45ミズオトギリ、p84ヒメジョオン、p86シロバナヘビイチゴ・ナナカマド、p95アリマウマノスズクサ、p96カカオノキ、p99ツユクサ・イワレンゲ、p100シークワサー２点、p103コブシ、p108コオニタビラコ・ホトケノザ、p118ヤマユリ・ササユリ、p120バナナの花、p126ツクシシャクナゲ２点、p148ビロードムラサキ、p150カラムシ、p151ヤマモモ

●**PIXTA**　p20ヨコグラノキ、p23ウメバチソウ、p30アコウ、p50ムジナモ、p66ホテイラン、p72サギソウ、p80ヤッコソウ、p84スイバ、p88ノジギク、p93日笠山のノジギク、p94タシロラン、p104ハコベ、p106〜107ニッコウキスゲ、p125ナガバノモウセンゴケ、p154ユリ、p155テッポウユリの果実

●**pps**　p128トウツバキ

取材協力

高知県立牧野植物園 指定管理者 公益財団法人高知県牧野記念財団
東京都立大学牧野標本館

参考文献・資料

『牧野植物学全集』第１～７巻　牧野富太郎／著　1934年　誠文堂
『牧野日本植物図鑑　復刻版』牧野富太郎／著　1977年　北隆館
『牧野日本植物図鑑　初版・増補版』インターネット版　　高知県立牧野植物園
『牧野富太郎植物記』1～8巻　中村浩／編　佐竹義輔／監修　1973年　あかね書房
『精選牧野植物図集』牧野富太郎／著　牧野鶴代／編　1969年　学習研究社
『なぜ花は匂うか』牧野富太郎／著　2016年　平凡社
『MAKINO』高知新聞社／編　2014年　北隆館
『牧野富太郎と神戸』白岩卓巳／著　2008年　神戸新聞総合出版センター
『牧野富太郎博士からの手紙』武井近三郎／著　1992年　高知新聞社
『我が思ひ出　牧野富太郎〈遺稿〉』牧野富太郎／著　2022年　北隆館
『花と恋して　牧野富太郎伝』上村 登／著　1999年　高知新聞社
『草を褥に　小説牧野富太郎』大原富枝／著　2001年　小学館
『草木とともに　牧野富太郎自伝』牧野富太郎／著　2022年　角川ソフィア文庫
『牧野富太郎自叙伝』牧野富太郎／著　2004年　講談社学術文庫
『植物記』牧野富太郎／著　2008年　ちくま学芸文庫
『花物語　続植物記』牧野富太郎／著　2010年　ちくま学芸文庫
『牧野富太郎　通信　知られざる実像』松岡　司／著　2017年　トンボ出版
『植物知識』牧野富太郎／著　1981年　講談社学術文庫
『牧野富太郎の本』2018年　高知県牧野記念財団
『牧野富太郎と植物画展 ボタニカルワールドへのいざない』高知県立牧野植物園／編　2001年　毎日新聞社
『マキノ80　東京植物同好会・牧野植物同好会　八十周年記念誌』牧野植物同好会記念誌編集委員会／編　1991年　牧野植物同好会
『牧野標本館50周年記念誌』牧野標本館50周年記念誌編纂委員会／編　2008年　首都大学東京経営企画室企画課
『牧野植物図鑑原図集　牧野図鑑の成立』牧野図鑑刊行80年記念出版編集委員会／編　2020年　北隆館
『石井勇義　ツバキ・サザンカ図譜』石井勇義／著　津村尚／編　山田壽雄／図　1979年　誠文堂新光社

「日本植物研究の歴史　小石川植物園300年の歩み」大場秀章／編
「『植物研究雑誌』の創刊と発展を支えた人々」大場秀章／著　東京大学総合博物館
「シン・マキノ伝」田中純子／著　高知新聞ウェブ版連載
「牧野富太郎の『疎開日記』－解説と翻刻－」田中純子・伊藤知恵／著　『やまとぐさ 第3号』高知県立牧野植物園
「向坂道治と牧野富太郎の交流　―二人の遣り取りした書簡から見える植物図鑑編纂の道のり―」田中純子／著　『やまとぐさ 第4号』高知県立牧野植物園
「須川長之助と植物採集」岩手大学ミュージアム植物標本データベース作成委員会
「牧野富太郎先生が立ち上げた『植物研究雑誌』と植物同好会」加藤僖重／著　牧野植物同好会・野外植物研究会
「千夜千冊　一七一夜『牧野植物図鑑の謎』」松岡正剛
「植物標本を通して、自然と地域の理解を深める」加藤英寿／著　『21世紀の緑を考える GREEN AGE』2015年7月号　日本緑化センター

牧野富太郎略年譜

1862（文久2）年	土佐の佐川村に生まれる。
1872（明治5）年	寺子屋で習字を学ぶ。
1873（明治6）年	名教館で西洋の学問を学ぶ。
1874（明治7）年	佐川小学校に入学。
1876（明治9）年	小学校を自主退学。
1879（明治12）年	高知市に出て五松学舎で学ぶが、コレラ流行で帰る。
1881（明治14）年	第二回内国勧業博覧会を見に東京へ。田中芳男などと知り合う。
1884（明治17）年	二回目の上京。東京大学植物学教室へ出入りするようになる。
1887（明治20）年	『植物学雑誌』創刊号に論文掲載。祖母・浪子が病死。
1888（明治21）年	『日本植物志図篇』刊行開始。寿衛と暮らし始める。
1889（明治22）年	日本で初めて新種ヤマトグサの学名をつけて発表。
1890（明治23）年	ムジナモを発見。谷田部教授に植物学教室の出入りを禁止される。
1891（明治24）年	『日本植物志図篇』を第1巻第11集まで刊行。家財整理のため帰郷。
1893（明治26）年	東京にもどり、東京帝国大学理科大学助手となる。
1900（明治33）年	『大日本植物志』刊行開始。
1902（明治35）年	『大日本植物志』第1巻第2集刊行。
1906（明治39）年	『大日本植物志』第1巻第3集刊行。

1908(明治41)年	『植物図鑑』(北隆館)刊行。
1909(明治42)年	横浜植物会創立。ヤッコソウを新種として発表。
1910(明治43)年	東京帝国大学理科大学を休職となる。
1911(明治44)年	東京植物同好会創立。『大日本植物志』第1巻第4集刊行、以降中断。
1912(明治45)年	東京帝国大学理科大学講師となる。
1916(大正5)年	『植物研究雑誌』創刊。経済的な困窮が激しくなり、池長孟の援助を受ける。
1926(大正15)年	現在の練馬区東大泉に自宅を建て、転居する。
1927(昭和2)年	理学博士の学位を受ける。
1928(昭和3)年	寿衛が死去。新種のササにスエコザサと命名。
1937(昭和12)年	『牧野植物学全集』により、朝日文化賞受賞。
1939(昭和14)年	東京帝国大学理科大学講師を辞任。
1940(昭和15)年	『牧野日本植物図鑑』(北隆館)刊行。
1941(昭和16)年	池長植物研究所から標本が返還される。
1945(昭和20)年	山梨県北巨摩郡穂坂村へ疎開。10月に東京へもどる。
1949(昭和24)年	病気で危篤になるが、奇跡的に復活する。
1951(昭和26)年	第一回文化功労者に選ばれる。
1954(昭和29)年	かぜをこじらせ、これ以降床につくことが多くなる。
1957(昭和32)年	1月18日永眠。没後、文化勲章が授与された。
1958(昭和33)年	高知県立牧野植物園、開園。東京都立大学牧野標本館、開館。練馬区立牧野記念庭園、開園。

清水洋美（しみず ひろみ）
出版社勤務後、フリーランスの編集者・ライターとして、主に自然科学関連の児童書を中心に、企画・編集・執筆を幅広く行っている。近著に、初めて読む科学者の伝記シリーズ『日本植物学の父 牧野富太郎』（汐文社）他、『細胞タウン大冒険』『ずかん 貝のからだ』（技術評論社）などがある。

STAFF LIST

デザイン　下舘洋子（ボトムグラフィック）
校正　安藤 栄／西村 緑
イラスト　里見和彦
編集　清水洋美
　中里 靖（世界文化社）

ビジュアルで身につく「大人の教養」
草木と歩んだ94年
牧野富太郎　植物語り

発行日　2023年4月５日　初版第1刷発行
　2023年5月30日　第2刷発行

著者　清水洋美
発行者　秋山和輝
発行　株式会社世界文化社
〒102-8187
東京都千代田区九段北4-2-29
電話 03（3262）5124（編集部）
03（3262）5115（販売部）

印刷・製本 中央精版印刷株式会社

ISBN 978-4-418-23205-5